我能拯救地球

主编／赵敏舒

50件关于保护动物的小事

天津科学技术出版社

图书在版编目（ＣＩＰ）数据

50件关于保护动物的小事 / 赵敏舒主编. -- 天津：
天津科学技术出版社，2010.12
　（我能拯救地球）
　ISBN 978-7-5308-5996-4

I. ①5… II. ①赵… III. ①动物—保护—青少年读物
IV.①Q95-49

中国版本图书馆CIP数据核字（2010）第232407号

策划编辑：郑东红
责任编辑：张　跃
责任印制：王　莹

天津科学技术出版社出版
出版人：蔡　颢
天津市西康路35号　　邮编：300051
电话(022) 23332399 （编辑室）（022) 23332393 （发行部）
网址：www.tjkjcbs.com.cn
新华书店经销
北京市北关闸印刷厂印刷

开本　787×1092　1/16　印张　12　字数　50 000
2011年1月第1版第1次印刷
定价：29.80元

践行环保，从这一秒开始

告急！告急！地球母亲告急，她已不堪重负，气喘吁吁了。

酸雨污染、温室效应、臭氧层破坏、土地沙漠化、森林面积锐减、物种灭绝、垃圾成灾、水土流失、大气污染、水资源短缺等等，一系列环境问题，让昔日一颗美丽的蓝色星球如今已满面疮痍，伤痕累累了。环保与节能势在必行，你我他每个人都要积极行动起来，保护我们共同的家。不要认为环保是个大课题，一个人的力量微不足道，请记住：环保无小事，一切从我做起，每个人都是能拯救地球的其中一人。

有了使命感，我们还要了解自己应当怎样拯救地球。如何节约和回收各种能源？如何保护植物？如何保护动物？如何保护天空？如何阻止全球变暖？怎样的生活方式才能称得上"绿色生活"？自己平常无意间的哪些行为是不环保的，甚至还给环境造成了损害？上述所有问题的答案

都在《我能拯救地球》中，它为每一个环保小卫士指明了道路。丛书共分10册，分门别类地从十个方面介绍我们可举手之劳尽行环保。节能环保，生活中的点点滴滴，举手之劳，尽力而为。我们是24小时环保主义者，肩负着拯救地球、延续文明的重任。

践行环保，从这一秒开始。环保的重要性，其实每个人都知道并且也支持，但就是行动上力度不够，其中原因诸多，但不外乎未养成习惯及从众心理作祟等。随着节约型社会的到来，节约，不只是经济行为，更是一种环保时尚。谁不节约谁可耻！我们有一千种理由保护环境，却没有一条理由破坏我们生存的家园，请不要轻置每一个行为。

很久以前的大自然是我们不知道的样子，很美；现在的大自然是我们熟悉的样子，但不亲切。希望某天一早醒来，能够再拥有那样一个只在雨后才能呼吸到的清新空气，远远的有鸟儿的啁啾，望尽远处近处，满眼的绿。未来社会的面貌取决于今天人们所做的一切，绿色环保之路任重道远。

目录

Contents

50 件关于保护动物的小事

SOJIANGUANYUBAOHUDONGWUDEXIAOSHI

目录
Contents

保护动物
就是保护我们自己

环境问题给人类带来的灾难已经使人类认识到人与环境、人与动物是一体的，环境的良性循环、物种的自然繁衍都影响到人类社会的正常发展，人与自然、人与动物应当和谐相处，因此保护动物就是保护人类自己。

▼ 华南虎

人类怎么忍心再伤害它们呢

由于人类的破坏与栖息地的丧失等因素，地球上濒临灭绝生物的比例正在以惊人的速度增长。那么导致物种灭绝都有哪些因素呢？

生境丧失、退化与破碎。人类能在短期内把山头削平、令河流改道，百年内使全球森林减少一半，这种毁灭性的干预导致的环境突变，导致许多物种失去相依为命、赖以为生的家——生境，沦落到灭绝的境地，而且这种事态仍在持续着。

过度开发。在濒临灭绝的脊椎动物中，许多野生动物因被作为"皮可穿、毛可用、肉可食、器官可入药"的开发利用对象而遭灭顶之灾。象的牙、犀的角、虎的皮、熊的胆、鸟的羽、海龟的蛋、海豹的油、藏羚羊的绒……更多更多的是野生动物的肉，无不成为人类待价而沽的商品，大肆捕杀地球上最大的动物：鲸，就是为了食用鲸油和生产宠物食品；残忍地捕鲨，这种已进化4亿年之久的软骨鱼类被割鳍后抛弃，只是为品尝鱼翅这道所谓的美食。人类正在为了满足自己的边际利益(时尚、炫耀、取乐、口腹之欲)，而去剥夺野生动物的生命。对野生物种的商业性获取，往往结果是"商业性灭绝"。

环境污染。人类为了经济目的，急功近利地向自然界施放有毒物质的行为不胜枚举：化工产品、汽车尾气、工

▼ 身为海洋世界里的最大动物，鲸也难逃一劫

▲ 两栖动物正因家园被毁，而无处藏身

业废水、有毒金属、原油泄漏、固体垃圾、去污剂、制冷剂、防腐剂、水体污染、酸雨、温室效应……甚至海洋中军事及船舶的噪音污染都在干扰着鲸类的通讯行为和取食能力。

目前对环境质量高度敏感的两栖爬行动物正大范围的消逝。温度的增高、紫外光的强化，栖息地的分割、化学物质横溢，已使蝉噪蛙鸣成为儿时的记忆。与其他因素不同，污染对物种的影响是微妙的、积累的、慢性的致生物于死地的"软刀子"，危害程度与生境丧失不相上下。

以上原因使许多动物物种灭绝或濒临灭绝，保护动物成为人类迫在眉睫的大事。为了我们美好的家园，一起努力来保护动物吧！

拒绝皮草
保护动物

提起皮草，你是否就想起了貂皮大衣、狐裘大衣，你是否也曾觉得穿上这种衣服是一种身份的象征？

▼ 地球上没有动物，将会是一个没有活力的世界

▼ 虎的数量在逐年减少

人类自原始时期，就会以猎得的动物的毛皮制成衣服来避寒。到了现代，皮草成为一种财富的象征之一。随之带来的就是皮草贸易。可是你曾想过这预示着什么吗，预示着许多的野生动物将面临人类的捕杀。

中国是一个野生动物消费大国，每年都有大量的野生动物因为旅游纪念品和皮草的消费而失去生命，这不仅影响到了国内的物种，许多在异国的生命也深受其害。比如每年都有些雪豹皮从蒙古运往中国，而那里总的野外种群却少之又少。在野生动物制品贸易中，皮草是很大的一类，许多爱美的女士会购买皮草制品，但她们不知道在这种所谓的"尊贵"的背面，是以大量野生动物的生命为代价。比如昂贵的藏羚羊"沙图什"披肩，一条披肩的背后是有五头藏羚羊的死亡。

现在，你是否还有心穿上你的貂皮大衣，你是否还梦想着买一件狐裘大衣呢？

那么，我们该怎样努力呢？

对于我们个人来说，别的衣服也可以很保暖同时也很漂亮，没有必要使用野生动物的皮毛。在新的时代需要认识到什么是美，野生动物活着，在它们自己的家园繁育，而且也给我们精神上带来这种愉悦，就是最美的，而不是把它们穿戴在身上或者摆在家里。

对于国家呢，我们的国家法律应该更加细则化，严惩各种相关非法行为，包括采用各种手段，让每个人在了解这些行为除了违法以外还是一种耻辱。同时在文化层面上要改变我们中华民族在文化中的一些不好的东西，比如食用野生动物，虎骨、熊胆入药，这些东西按现代的观念来说都是缺乏道德层面的东西。

我们怎样来面对皮草贸易呢？在关注非法野生动物消费的主要人群——都市中的成年人的同时，也需要在儿童间普及野生动物保护的观念。保护野生动物也需要制造英雄，比如可以在边境地区发现一个高贵、有人品的人，通过影视、通过媒体的宣传，吸引公众让大家眼光跟着他走，比如藏羚羊的成功保护很大程度得益于媒体对这个事的报道。

▲ 貂皮制品

不参与
非法买卖野生动物

现在许多人把食用野生动物作为自己一种身份的象征，或者是出于好奇等原因。你是否曾经也有过这种想食用野生动物的想法呢？如果你知道野生动物对于我们人类的作用，如果你有一颗善良的心，我想即使你曾有过这种想法，现在也会改变的。

▼ 鲸鱼

▲ 请停止捕食野生动物

　　我们都知道大量捕食野生动物，必然会对自然生态的平衡造成严重破坏。野生动物是大自然的产物，自然界是由许多复杂的生态系统构成的。有一种植物消失了，以这种植物为食的昆虫就会消失。某种昆虫没有了，捕食这种昆虫的鸟类将会饿死；鸟类的死亡又会对其他动物产生影响。所以，大规模野生动物毁灭会引起一系列连锁反应，产生严重后果。野生动物是我们人类生活中一道独特的风景，也是我们人类的朋友、邻居。野生动物都消失了，那么留给我们人类的只有孤独和忏悔。

　　近年来，不时发生非法购买、贩卖国家保护的野生动物的案件，尤其以鸟类居多。有时我们会在菜市场看到有些不法商贩公开买卖大雁、野鸡、青蛙、麻雀、野兔等野

生动物，却没有人管理制止。对于野生动物的买卖行为为
什么会出现呢？一方面是人们自己不知道这是违法行为，
另一方面国家在这方面的管理力度也不够。

　　为减少此类案例的发生，我们希望我们国家的有关部
门能在山区和林区加大保护野生动物的法规宣传，以案释
法，对广大村民进行普法教育，告诫他们千万不可猎捕、
杀害、收购、运输、出售国家保护的野生动物，以此提高
农民保护野生动物的意识，让悲哀不再重现。

　　而作为我们个人，首先就是自己要做到不参与，并向
身边的人们宣传保护野生动物这方面的知识，使大家都有
保护野生动物的意识。

不滥用
农药和杀虫剂

    农药和杀虫剂是我们农业科技发展的结果，但是你是否想过这种对农业服务的科技产品，如果使用不当的话，对于动物的生存也将是一种危机。

目前国内外广泛使用的有机磷农药对海洋生物危害巨大，已经对海水养殖业形成威胁。有机磷农药因药效大、易分解而成为国内用量最大的农药品种。近十年来，沿海水域因有机磷农药污染导致的鱼、虾、虫类等死亡事件层出不穷。海洋生物大多对有机磷农药十分敏感，一些耐药性昆虫毫无反应的农药浓度，能够很快地使海洋生物致死。近年造成我国对虾大规模死亡的原因之一，就是有机污染激活对虾体内潜伏的病原体。

农药在水产动物体内不断蓄积，引起中毒、畸变、繁殖衰退及死亡等。鱼类对有机磷农药如对硫磷比六六六等有机氯农药更敏感，毒害作用更明显，可引起鱼类骨骼系统发生畸形。

▲ 海里的鱼类也未能逃脱农药的危害

有机氯农药如六六六，对鱼类和其他水生动、植物的直接毒害作用虽然没有有机磷农药明显，但它比有机

▲ 水生植物也是农药的受害者

磷农药稳定，可在各种生物体内蓄积，且有致癌作用，因此往往造成严重隐患，对于这种隐藏的危害应予以高度重视。DDT可引起湖鳟鱼种的食道及鳔被空气膨胀；引起银大麻哈鱼肾变性，细管末端有沉淀；引起河鳟肝细胞的核肥大，细胞质液泡化，肾细管上皮变性，食道黏膜下层液泡化，上皮变性，肾上腺皮质坏死；引起鳗鲕的三磷酸腺苷酶抑制。

鱼类胚胎畸变的原因可由于亲鱼接触毒物，通过母体的血液循环传递至生殖腺，如六六六、汞等就极易于母体的生殖腺内蓄积；另一为由于受精卵直接接触外来毒物，尤其以胚胎的早期发育阶段为甚。

此外，与杀虫剂的混合物一样，10种化合物的混合物能杀死99%的豹蛙蝌蚪。

这些低浓度的杀虫剂能通过水，特别是风进行传播，形成毒性更大的混合物。而在频繁使用杀虫剂区域的下风区已经发现了两栖动物的衰退，杀虫剂混合物可能是罪魁祸首。

同学们，农药和杀虫剂对动物的危害大吗？你现在知道它不仅能为我们带来好处，也有着极大的危害了吧，那快告诉你身边的人，让他们谨慎使用吧！

保护湿地
不要侵占动物的家园

　　湿地包括沼泽、泥炭地、湿草甸、潜水沼泽、高原咸水湖泊、盐沼和海岸滩涂等类型，其中，除了作为许多濒危特有野生动植物的栖息地之外，它们还是迁徙鸟类，包括许多全球性受威胁物种的重要停歇地和繁殖地。

对动物最好的保护就是不干扰它们的自由生活。然而，由于社会经济的发展和人类活动的侵扰，地球上许多地区的水文格局发生了变化，湿地萎缩，水鸟栖息地面积减少。人们在鸟岛上建村庄，侵占了野生动物的家园。

▲ 让青蛙在田野上快乐地生存

尽管经过多年保护，丹顶鹤的数量回升仍很缓慢，在世界范围内仍处濒危甚至极度濒危状态。因此，我们呼吁人们要停止破坏湿地和破坏水文格局的行为，停止捕捞湿地中的野生鱼类，给水鸟留下足够的食物。

多年来，我国尝试在丹顶鹤迁徙路线上的停歇地逐个建立自然保护区，北起黑龙江扎龙、南至江苏盐城，途经吉林向海、辽河入海口、黄河入海口、洪泽湖等地，初步形成了保护网络。经过几十年的保护，只能说保住了丹顶鹤这个物种，数量回升十分缓慢。在世界范围内，丹顶鹤仍处于濒危甚至极度濒危状态。

湿地保护该怎么做呢？

至目前，我省尚未开展专门的湿地资源普查，其资源仍处于家底不清的状况，这给湿地资源的保护与合理规划带来一定困难。因此，应尽快组织湿地资源调查队伍，按照统一的技术规范，调查现有湿地的类型与分布及面积、湿地生态系统的组成与功能、湿地生物多样性现状、湿地生态环境变化趋势等信息，并在此基础上建立全省湿地资源信息库。

湿地作为生态系统，包含许多资源，分属不同的部门管理，如林业、农业、渔业、牧业、水利、环保等。如何协调好这些部门的关系，关系到湿地资源保护事业的兴衰成败。为此，各级林业部门应认真负责，加强部门间的联系与协调，努力在湿地资源保护上达成共识，采取协调一致、多管齐下的保护行动，运用植树造林、退田还湖、修筑工程等综合措施进行预防和保护。

湿地周边群众与湿地间的关系密切，他们的行为直接影响到湿地资源的存在。社会各界都应积极创造条件，向湿地周边群众宣传湿地效益、功能、价值以及湿地对他们及其子孙后代的生存影响等，并选择一些有代表性的湿地作为开发示范点，摸索合理利用的有效途径和方法，实施"参与式"的管理方法，使周边群众与湿地融洽相处，共生共荣。值得注意的是，湿地一旦划归保护后，便会存在保护与利用的矛盾，处理不好，可能激化矛盾，造成更严重的破坏。因此，解决因湿地保护而使其周边群众经济受损的经济补偿问题显得非常关键。

同学们，呼吁保护湿地吧，使水鸟有个家园。

可爱的农田卫士

设立自然保护区

为了保护动物，许多地方建立了自然保护区，那你知道自然保护区的实质作用是什么吗？

　　自然资源和生态环境是人类赖以生存和发展的基本条件，保护好自然资源和生态环境，保护好生物多样性，对人类的生存和发展具有极为重要的意义。自然保护区的主要功能是保护自然生态环境和生物多样性，生物遗传资源和景观资源的可持续利用，另外自然保护区还具备科学研究、科普宣传、生态旅游的重要功能。在退化生态系统的恢复过程

▲ 随着全球变暖，企鹅的生存也遇到了考验

▲ 黄河曲首湿地

中，自然保护区可以使自然力得到充分的发挥。下面给同学们介绍一些自然保护区所取得的成效。

　　在番禺新垦鸟类自然保护区，近两年飞来越冬的候鸟每年数量大增，有人甚至发现国家一类保护动物黑脸琵鹭的踪影；在封开黑石顶自然保护区，蟒蛇、猫头鹰数量不断增加；在英德石门台自然保护区内，近年不少地方出现了猴子；在南岭自然保护区，有人见到了熊猴、云豹、华南虎、黑麂的活动踪迹。

近两年，广东省野生动物资源有恢复的迹象。让野生动物保护人员欣喜的是，一些山林里重新活跃起来的动物包括了曾经一度几近绝迹的金钱豹、鄂蜥、黑麂、黑熊、藏酋猴、蟒蛇……

对于我们的野生动物，这些自然保护区虽然还只能说是"有恢复的迹象"，但并非一日之功。野生动物的生存繁殖必需三大基本要素：充足的食物来源、足够的水源（食草动物要有大量植物可食）、大面积的千变万化的隐蔽场所。增多一头大型野兽，必须有较多的小型食肉动物，更多的草食性动物……动物种类的增多，其前提必须是植物种群、数量的增多。由此，我们还需继续努力。

🔺 金钱豹重现山林

滥砍滥伐
让动物失去家园

▲ 美丽的大天鹅

▲ 野生保护动物大天鹅

我们的大自然是一个大家庭，任何一部分受到伤害都将影响到各个方面，随着经济的发展，人们为了自己的利益不断地向大自然进行着掠夺，却不知道在毁坏大自然的同时也在毁坏自己的家园。滥砍滥伐促使森林遭到破坏，导致森林生态系统服务功能受到损伤，同时让动物也失去了自己的家园。

地球是人类的母亲，与人类关系密切，是人类赖以生存的家园。如果它遭到了破坏，人类也会灭亡。

还记得地球原来美丽的面貌吗？一个水蓝色、圆滚滚的球体。可是现在水蓝色之间却多出了许多块黄色，那是由一片片绿洲而变成的一望无际的沙漠；还有由于没有树根固定住泥土从而导致黄河、长江每年沉淀在水底的泥沙逐渐增多；洪水泛滥使农作物收成差，农民收入少；大城市里的白天就如黄昏似的像有一层雾罩着，灰蒙蒙的。这些都是因为人类滥砍滥伐而造成的后果。

有的人是因为环保意识不强而做出滥砍滥伐的行为；有的人即使

忧伤的长颈鹿

随着桉树的减少，树袋熊面临着温饱问题

因为滥砍滥伐，鸟儿也无处存身

知道要环保，也依然做出滥砍滥伐的行为，因为他们总是没有意识到环境污染的紧迫感，总以为自己砍的树只是这一大片树林中的一小部分，对环境污染没有很大的影响；也有的人认为自己的利益是最重要的，应放在首位。他们只顾眼前，不顾未来无私的地球在遭到人类残忍地破坏后会变成什么样子。

那么导致滥砍滥伐的具体原因是什么呢？

出现滥砍滥伐主要原因有以下几点：一是土地易主。第一轮土地承包到期，由于原承包人死亡或村民与土地的经营权属关系有所变化，土地易主，在对林木作价时达不成一致意见，导致滥砍滥伐。二是政策失误。第一轮土地承包到期，一些地方制订的延包政策与中央的"大稳定、

▲ 触目惊心的现象

▲ 山上已经基本没有树木

小调整"政策不相吻合，损害了农民的利益，导致滥砍滥伐。三是利益驱动。一些地区的木器加工厂抬高收购价格，使得一些农民只顾眼前利益，只讲经济权利，不讲保护环境的义务，对原包土地上的树木或山林滥砍滥伐。中央一再提醒，在第二轮土地承包过程中，要防止滥砍滥伐现象。而一些地方仍然不顾大局，导致滥砍滥伐。

对于滥砍滥伐这种破坏环境的现象，我们该怎么办呢？教育人们不要滥砍滥伐，加强宣传保护环境的力度，对滥砍滥伐的人进行阻止，使人们意识到保护环境的重要性。呼吁人们在市区里多种树，勤种树；对滥砍滥伐的人进行罚款，没收他砍的树木并罚他种树；采取奖励的方法鼓励人们种树，可以给每一个种树人送一份小礼物；倡导人们节约纸张，使砍树的机会减少；对揭发有滥砍滥伐现象的人进行奖励。

保护环境就是保护人类自己！只有人们共同营造一个绿色家园，人类才能生活在一个良好的环境里。让我们一起行动起来，为创造一个全新、美好的世界而努力吧！

滥食野生动物
是非法行为

很多年前的南方沿海一带河汊纵横，雨量充沛，林丰草茂，飞禽走兽多，这使当地居民形成了食野味的习惯，并在食谱中形成了一个菜系。由于传统的饮食观念根深蒂固，这些地区的人吃野生动物现象确实较全国其他地区普遍。可是现在，这些都必须引起我们的注意了，这些习惯必须要改正了。

　　滥食野生动物不仅可能对人体造成危害，而且会对野生动物资源和整个生态环境造成极大的破坏，引起整个生物链的崩溃。滥食野生动物不仅对人类自身健康造成危害，还使自然环境遭到严重破坏。如果不认真对待野生动物危机的话，许多中型和大型稀有野生动物以及珍稀鸟类将会灭绝。当代中国面临越来越严峻的野生物

▲ 蛇大量被捕杀

种濒临灭绝的危险。过去南方常见的穿山甲，今天已经罕见；大兴安岭的花尾锦鸡（"飞龙"），近几年也急剧减少；各地的蛇、猫头鹰被大量捕杀，造成生态失衡，鼠害横行，粮食减产。昔日夏夜稻田蛙声一片的田园趣味，正远离郊野，曾栖息出没于市郊的猫头鹰、啄木鸟，现代都市人已无缘相识。东北境内曾有一种珍贵的国家二级野生保护动物叫镰翅鸡。因为当地山民一直拿这种鸡当成山鸡打牙祭。当地动物专家多年寻找未果。2000年，宣布这个物种在中国境内永久灭亡。

　　一种生物往往同时与10~30种其他生

▲ 青蛙也是捕食对象之一

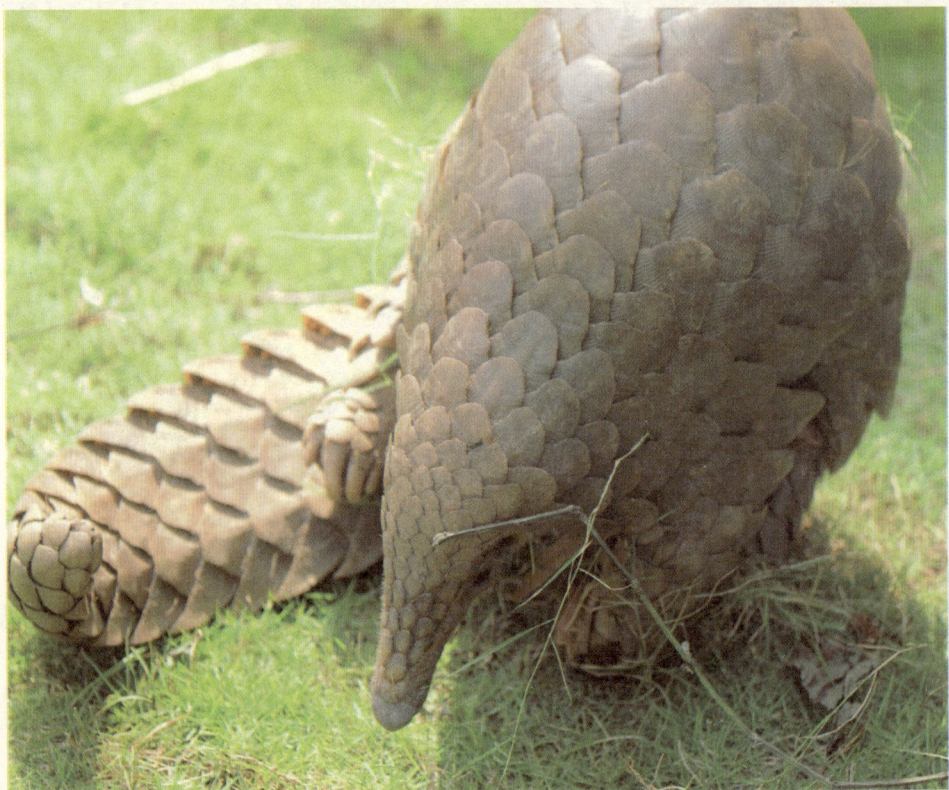

▲ 虽然长着一身盔甲，穿山甲也难逃被吃的厄运

物相共存，某一种生物的灭绝都会引起严重的连锁反应，这种连锁式的生物物种灭绝危机正在威胁着人类的生存基础。野生动物作为自然生态系统中的重要组成部分，是一种宝贵的资源，具有独特的科学文化价值。

可是，现在人们并没有意识到这些。部分有钱人流行违法消费野生动物——穿山甲、五爪金龙（巨蜥）、娃娃鱼、猫头鹰等，以此炫耀自己的经济实力或以此向来宾显示自己的诚意。而其他人则吃一些售价不是很贵的野生动物，如野猪、竹鼠、禾花雀、蜥蜴、鸟类、猴子、猫等。用流行的一句话说：天上飞的除了飞机，地上有腿的除了桌子，什么都能吃。

　　尽管国家对许多野生动物予以法律保护，但目前社会上保护野生动物的意识尚比较薄弱，滥食野生动物的陋习在某些人身上根深蒂固。就是这些人导致了野生动物消费市场的存在，客观上助长了猎杀、贩卖野生动物的行为。说到底，这些人饕餮"野味"意不在"吃"，而在于满足畸形的好奇心，在于享受和炫耀，一些人以滥食野生动物为"有感情、有脸面、有身份"的体现，不吃点野生动物，怎么能够显出"高人一等"呢？当然，也有的人出于猎奇心理，好奇图新鲜，不顾后果吃一口。

　　面对这种情况，我们必须呼吁："人们应改变不良饮食习惯，与野味告别，从自身健康和保护野生动物资源的角度，不要食用野生动物，要营造一个人与自然和谐相处的环境。"

　　对当前滥食野生动物的陋习我们绝不可忽视，如不加以重视最终会影响到人类的生存，保护野生动物资源其实就是保护人类自己的生存环境。

▲ 巨蜥也面临着同样的危险

　　保护野生动物、保护生态环境，我们应该、也可以做得更多。

保护动物和
保护生态息息相关

　　我们人类栖居的地球是经过几十亿年的进化发展才产生出人类和一切生物物种的。地球上的一切生物物种，包括人类在内，都是地球这个有机统一体的重要组成部分。

任何组成天然群落的生物物种都是地球共同进化过程中的产物。各个生物区系的存在和作用，都是经过自然选择的巨大宝库。各个生物物种和人类一样，都是自然界中的一个环节，在漫长的进化发展过程中共同维持着自然界的生态平衡与进化发展。因此，从生态学的观点看，保护

▲ 环境与生物息息相关

一个生物物种，就意味着保护一个生物群落，就意味着保护一个生态系统。反之，破坏一个生物物种，就意味着破坏一个生物群落，就意味着破坏一个生态系统。

地球上的生物物种都是相互关联的，任何生物物种的破坏，必然会影响到整个地球的生态平衡与人类的生存发展。因此，地球是人类与生物物种的共同家园，野生动物是地球生态平衡的重要标志，保护野生动物就是保护自然界的生态平衡，就是保护我们自己的家园。

可是我们的生态环境现在正在遭受到各个方面的破

坏。下面给你举个例子。

　　海南地处热带北缘，有着独特的热带雨林环境，丰富的生物物种资源。海南的野生动物以其多样性成为海南良好生态环境的重要标志之一。可遗憾的是，海南珍贵的野生动物资源正在惨遭毁灭性破坏。主要原因有二：一是由于热带雨林面积大大减少，成片开发面积逐年增大，致使野生动物失去了栖居之地。二是由于乱捕滥杀野生动物者大有人在，酒店饭馆里野生动物成了招牌菜，致使野生动物种类与数量在急

热带雨林生活着无数动物

剧下降。

很明显，海南的野生动物遭到了破坏。那么我们该采取什么措施呢？

为了保护海南的野生动物，首先要处理好开发与保护的关系，不能为了发展经济而毁掉生态环境。因为"绿比金贵"，热带雨林是维护海南生态平衡的重中之重，是野生动物生存繁殖之地。为了保护野生动物，保护整个海南岛的生态平衡，应坚决封山育林，努力扩大热带雨林面积。同时要适当保留一部分原始荒野，给野生动物留下生存繁殖之地。其次要提高民众的生态意识，严惩乱捕滥杀者。目前对野生动物的乱捕滥杀，主要是经济利益的驱使导致，部分是由于捕捉者对生态平

▲ 雨林的面积在逐渐减少

衡的认识不足造成的。对前者要依法严惩，该罚的罚，该抓的抓，绝不能对此放纵。对后者要加强教育，让民众充分认识到保护野生动物就是保护整个海南的生态平衡，就是保护我们共同的家园。

保护野生动物，保护生态平衡，保护我们自己。

开展国际狩猎
保护动物

动物与我们的生活息息相关，动物的生存影响着我们整个生态的平衡，为了保护我们的家园，保护动物势在必行，那么保护动物具体有哪些方法呢？开展国际狩猎也是一种有效办法。同学们，你了解国际狩猎吗？这里给你介绍一下我国的国际狩猎，了解这一保护动物的方法。

我国国际狩猎不断探索改革，初步建立起限定狩猎区域、严控狩猎物种和数量、提升资源利用效益、合理分配狩猎收益、促进社区共管的管理框架，主要体现在以下方面：

严格依法限定国际狩猎场所。所有国际狩猎场所的确定，均须进行资源本底调查，成立经营管理队伍，采取安全保障措施，完善服务设施，并经有关部门的认可。

对狩猎野生动物种类和数量实行科学评估制度。对每年用于国际狩猎的野生动物种类和数量，国家林业局野生动植物保护司都要组织专门的科学评估和论证，要求国际狩猎的物种在国际上得到广泛认可，并且每种野生

提倡国际狩猎 ▶

动物年狩猎数量是根据野生动物自然死亡率和调控野生种群的需要，还必须严格遵循"打公不打母、打老不打幼"的国际惯例要求，确保其对野外资源不造成损害。

▲ 小·动物也需要保护

促使国际狩猎价格与国际接轨，极大提高资源利用效益。

建立和逐步完善狩猎收益分配制度，确保狩猎收入主要用于保护和补偿周边群众。为确保国际狩猎有利于野生动物保护，林业局严格规定狩猎收入主要用于野生动物保护的原则，各地林业部门也结合本区域实际情况，制定了收益使用制度，确保上述资金主要用于基层保护工作和补助当地群众，实现社区共管。

此外，开展国际狩猎使牧民了解到野生动物的价值，改变了对野生动物的传统观念，自觉摒弃了任意猎杀的习俗，主

▲ 要保护幼崽

▲ 野生岩羊

动为野生岩羊预留草场和抵制盗猎，形成社区共管的良好局面。

开展国际狩猎对当地的野生动物保护可以产生十分积极的作用，当地政府和周边群众也能从中受益，进而推动了当地政府和群众对保护事业的关心、支持，并积极参与保护，实现了保护和经济效益双增长的良好局面。

同学们，你现在了解国际狩猎了吗？任意猎杀野生动物最终伤害的必将是我们。开展国际狩猎，增强野生动物保护意识，最终获利的是我们人类自己。

保护蓝天，
还鸟类一片纯净的天空

蓝天是鸟类飞翔的地方，可是我们的天空却由于大气的污染变得越来越不洁净，致使许多鸟类死亡。

在德黑兰地区，由于空气污染日益严重，当地的野生鸟类种类和数量正在大幅度下降。

近些年来，有超过一半的鸟类种群已经从德黑兰迁徙到别的区域。在大城市

▼ 看见鸟儿飞翔的样子越来越少了

里，大量的建筑工地、噪音还有燃料、交通工具都会造成污染，还有诸如电磁污染等其他污染，所以鸟类已经开始迁移到别的地方。如果你知道这里过去飞翔在身边的鸟儿的数量，再看看现在，你就不得不承认鸟类的数量确实已经大幅减少了。

在德黑兰地区，空气污染已经成为野生鸟类数量减少的主要原因之一。其中各种交通工具是造成污染的最大源头。其实，这类的事件不仅仅在德黑兰发生，那么怎样才能避免

这类鸟类死亡的事件发生呢？那就是避免大气污染。

凡是能使空气质量变坏的物质都是大气污染物。有自然因素（如森林火灾、火山爆发等）和人为因素（如工业废

森林大火

气、生活燃煤、汽车尾气、核爆炸等）两种，且以后者为主，尤其是工业生产和交通运输所造成的。主要过程由污染源排放、大气传播、人与物受害这三个环节所构成。

大气中有害物质的浓度越高，污染就越重，危害也就越大。污染物在大气中的浓度，除了取决于排放的总量外，还同排放源高度、气象和地形等因素有关。污染物一进入大气，就会稀释扩散。风越大，大气湍流越强，大气越不稳定，污染物的稀释扩散就越快；相反，污染物的稀释扩散就慢。降水虽可对大气起净化作用，但因污染物随雨雪降落，大气污染会转变为水体污染和土壤污染。烟气运行时，碰到高的丘陵和山

汽车尾气

地，在迎风面会发生下沉作用，引起附近地区的污染。烟气如越过丘陵，在背风面出现涡流，污染物聚集，也会形成严重污染。

在山间谷地和盆地地区，烟气不易扩散，常在谷地和坡地上回旋。特别在背风坡，气流作螺旋运动，污染物最易聚集，浓度就更高。夜间，由于谷底平静，冷空气下沉，暖空气上升，易出现逆温，整个谷地在逆温层覆盖下，烟云弥漫，经久不散，易形成严重污染。

面对大气污染我们可以采取哪些措施呢？

加强绿化。植物除美化环境外，还具有调节气候、阻挡、滤除和吸附灰尘，吸收大气中的有害气体等功能。加强对居住区内局部污染源的管理。如饭馆、公共浴室等的烟囱、废品堆放处、垃圾箱等均可散发有害气体污染大气，并影响室内空气，卫生部门应与有关部门配合、加强管理。控制燃煤污染。交通运输工具废气的治理。减少汽车废气排放。解决汽车尾气问题一般常采用安装汽车催化转化器，使燃料充分燃烧，减少有害物质的排放。采用有效控制私人轿车的发展、扩大地铁的运输范围和能力、使用绿色公共汽车(采用液化石油气和压缩燃气)等环保车辆，也是解决环境污染的有效途径。烟囱除尘。

海洋垃圾，
让鱼儿无处安身

随着人们生活水平的提高，人为的破坏也在加剧，其中人造垃圾也正威胁世界各个海洋，伤害着水中的鱼儿，对海洋造成巨大压力。

海洋污染有很多种类，它们对海洋动物造成了不同程度的危害。它们的来源主要是工厂废弃物、农药污染、生活污水排放、塑料垃圾等。

農药污染也是沿海污染的重要来源，含汞、铜等重金属的农药和有机磷农药、有机氯农药等，毒性都很强。它们经雨水的冲刷、河流及大气的搬运最终进入海洋，能抑制海藻的光合作用，使鱼、贝类的繁殖力衰退，降低海洋生产力，导致海洋生态失调。

大规模的油污染导致大量生物因缺氧而死亡。油膜和油块能粘住大量幼鱼和鱼卵，使其死亡。对海洋环境的破坏，还有日常生活里的塑料袋、油料包装袋、农药，以至香烟头等，绝不可低估它们的破坏。

沿海居民生活污水的排放也对海洋环境构成严重威胁。生活污水中含有大量有机物和营

石油污染危害的不仅是海洋动物

养盐，可引起 海水中某些浮游生物急剧繁殖，大量消耗海水中的溶解氧。海水中氧气含量减少会使鱼、贝类等生物大量死亡。

许多人认为，内陆地区和海洋没什么关系。而实际上，内陆的污染物会通过江河径流、大气扩散和雨雪沉降而进入海洋，可以说，海洋是陆上一切污染物的"垃圾场"。

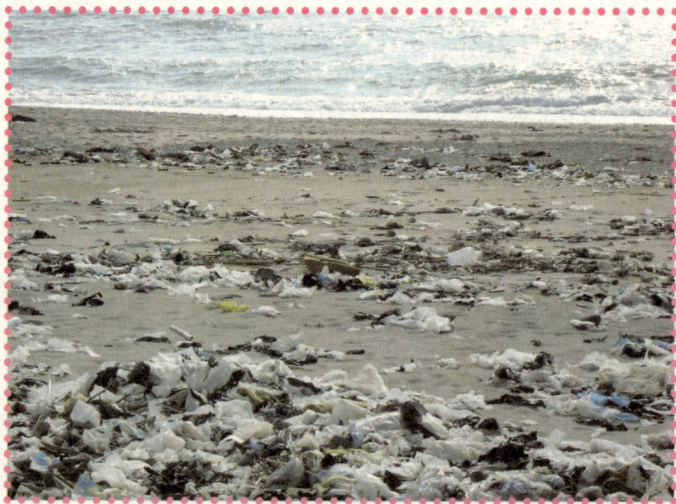

△ 海滩污染

海中最大的塑料垃圾是废弃的渔网，它们有的长达几英里，被渔民们称为"鬼网"。在洋流的作用下，这些渔网绞在一起，成为海洋哺乳动物的"死亡陷阱"，它们每年都会缠住和淹死数千只海豹、海狮和海豚等。其他海洋生物则容易把一些塑料制品误当食物吞下，例如海龟就特别喜欢吃酷似水母的塑料袋；海鸟则偏爱旧打火机和牙刷，因为它们的形状很像小鱼，可是当它们想将这些东西吐出来反哺幼鸟时，弱小的幼鸟往往被噎死。塑料制品在动物体内无法消化和分解，误食后会引起胃部不适、行动异常、生育繁殖能力下降，甚至死亡。

海洋垃圾对海洋中动物的影响是巨大的，如果再这样下去，危害可想而知。由于清除海洋垃圾的成本很高，是清除陆地垃圾的10倍，因此治理海洋塑料污染主要是依靠各国政府。目前，清理海洋塑料垃圾的方法可按照区域分为海岸、海滩收集法和海上船舶收集法。其中海岸、海滩收集法要比海上船舶收集法简单许多，因为垃圾一旦进入海洋便会具备持续

◀ 海洋垃圾不易清除

性强和扩散范围广两个特点，这两个特点加大了海上船舶收集垃圾的难度。同时，海上收集垃圾时对船只的技术要求也很高。船只要能形成高速水流通道，同时还要具备翻斗设备和可升降聚集箱，这样才能将漂浮在海上的塑料垃圾聚集起来。

让我们的大海没有垃圾，是拯救海洋动物的最有力的方法，是我们能够帮助海洋生态恢复的最简单方式之一。

保护环境，关爱候鸟

候鸟是我们的朋友，可是由于人们对其环境的破坏，却使我们的候鸟朋友受到了伤害。我们可以看看青海湖和赛城湖，并努力使我们的鸟朋友有一个好家。

▲ 燕子

青海湖有众多的鸟类在此繁育和栖息，与它作为一个高原湖泊湿地、具有多样性的生物类型和大面积的湿地是分不开的。青海湖丰富的鱼类资源为那些食鱼的鸟类提供了丰富的食物，而青海湖的湿地、生物的多样性为食草的鸭类提供了丰富的

▲ 青海湖

食物，同时，大面积的湿地又为鸟类提供了广泛的栖息场所。昔日的青海湖周边地区，曾是草肥水丰的广袤牧场。然而，过度的开垦使湖区生态遭到了空前的破坏。

▲ 青海湖湿地

周边草场的过度沙化，使草食性的斑头雁的觅食成了难题。由于斑头雁只适合在岛屿上繁殖，如今青海湖区只剩下蛋岛和三块石岛可以让它们栖息。缺乏淡水和青草，让母雁不得不经常驮着小雁"长途跋涉"去觅食。

而以鱼类为食的鱼鸥和鸬鹚也不能摆脱生存危机，在青海湖，主要的鱼类是裸鲤，即俗称的湟鱼。每年五六月间，是湟鱼产卵盛期，也正是各种水鸟集聚鸟岛之时。但过度捕捞让肥美的湟鱼逐渐变少，同时湟鱼的生长速度很慢，当地人俗语"湟鱼一年只长一两"，鱼的生长速度根本赶不上捕捞速度。鱼类资源锐减，致使迁徙鸟类生存受到威胁。

在青海湖地区，

▲ 鸬鹚

水、草、鱼、鸟四个环节环环相扣，互相影响，互相制约，构成了有机的生态系统。但随着气候的恶化，水位的迅速下降造成鳇鱼数量大大减少，土地沙化严重、草场退化、鳇鱼的短缺又使鸟类的数量大幅度地下降。青海湖是整个生态系统的基础，任何一个环节遭到破坏都可能导致整个生态系统的崩溃。

▲ 鳇鱼

候鸟所需的食物和清洁水源必须引起我们的关注，影响候鸟健康生存的污染问题更要引起我们的高度重视。

早些年赛城湖曾见过天鹅。在冬季也曾听到过天鹅的叫声，不知由于什么原因，那时候鸟很惧怕和人类接近。只要人略微一靠近它们，就立刻远远地飞走了，飞到湖中心人们看不见的地方。

非常不幸的是，赛城湖曾经一度被过度开发，有的在湖里养鱼，有的在湖

▲ 美丽的天鹅

底种地，一直是候鸟留恋的湖泊都被人为改造，向候鸟开放的大门被人为地紧紧关闭了。所幸的是，这种现象没有持续多久。就在赛城湖被过度开发的第二年，国家和省市候鸟保护机构先后派人实地考察，得出结论，将赛城湖定为候鸟生活的重要场所加以严格保护。从那时起，赛城湖只能养鱼蓄草，冬季里不准蓄水，留给候鸟们自由来往。

鹤问湖也是很久没有候鸟光顾了。主要原因是鹤问湖积水太深，候鸟在湖面上难以觅到草根和鱼虾，鹤问湖已经不是它们栖息的好地方了。如候鸟们栖息地不够时，我们还应当舍得将鹤问湖"完璧归赵"，为候鸟们提供更多的栖息场所，解决它们的燃眉之急。我们应当有这样的思想准备。

我们有责任为候鸟创造一个优良的生存环境，还候鸟一个安全的家园。

保护自然界最优秀的
环境监测器——两栖动物

　　在我们所居住的这个星球上，生物种类每天正以惊人的速度减少。对于在海洋中生活的物种来说，生物类型和数量的变化还很难摸清，但是对于陆生的种类，其数量的锐减可以说是触目惊心的。我们关心这个星球，关心人类赖以生存的自然环境，就必须关心这个星球上的每个角落，包括深不可测的海洋和广袤的陆地。而在陆地上，有一类正处于濒危境地的生物，它们不是别的，正是我们平常不以为意的两栖动物。这种一说起来就让我们联想到青蛙、蛤蟆等生物种类，两栖类将近三分之一的物种面临绝灭威胁。

那么是什么原因导致了面临灭绝的威胁呢？

在美洲、加勒比海和澳大利亚，一种被称作chytridiomycosis的高感染性致病细菌是两栖动物的杀手。可后来我们又发现，在一些区域内，这种疾病感染的暴发可能与干旱的年份相关，这使得科学家们更加倾向于将其与全球气候变化联系起来。但是在世界上大多数地方，包括欧洲、亚洲和非洲，chytridiomycosis在目前算不上什么问题。其他的一些威胁，比如物种栖息地被破坏、空气和水质的污染以及消费的需求均不同程度地导致

▲ 青蛙

▲ 娃娃鱼

▲ 树蛙

了两栖动物数量的下降。

不过，科学家们还是坚信努力对资源做出及时的保护仍有可能扭转许多之前的负面趋势。建立新的保护区、采取捕获繁育措施、更好的群落搭配关系以及冰淡水系统的保护都将给两栖动物提供生存的机会。

大多数两栖动物依赖于淡水系统，并且能在其他许多类生物（包括人类）之前感觉到环境的污染，它们的迅速减少告诉我们，地球上的一个最重要的生命支撑系统正在瓦解。

为了拯救两栖类动物，一些自然保护组织和两栖动物专家成立了两栖动物生存联盟。该联盟将会就两栖类动物栖所保护及阻止传染病传播，尤其是导致全球蛙类数量骤减的壶菌病的蔓延进行研究。两栖类动物生存联盟应当及时做出保护两栖动物行动计划，保护两栖类动物。

两栖动物的危机给我们敲响了一个警钟，我们也许不能做出大的努力，但可以从自身做起，保护身边的青蛙、蟾蜍等，不参与非法买卖它们，为保护两栖动物做出自己的一份力。

放下手中的猎枪，
让动物们回归大自然

任何一种物种的灭绝都将影响着人类的生态环境，影响着人类的生存。

▲ 不要打扰动物们的宁静

　　造成老虎数量急剧下降的原因很简单：捕杀野生动物的违法行为仍未被完全禁止，东亚许多国家仍猖狂地进行动物皮毛交易。亚洲新的人口增长趋势和经济变化对老虎生存造成了非常重大的影响。亚洲富有的中产阶级可以承受昂贵的"虎宴"——用老虎身体的各个部分做成晚餐，炫耀财富。这也充分刺激了野生老虎的非法贸易，直接导致了亚洲老虎数量急剧下降。

在九万大山山系月亮山一带，除偶尔在主峰附近的原始森林里发现野猪脚印及白野鸡毛之外。你不能发现传说中月亮山随处可见的虎、豹等大动物的踪迹。而山路上却常常能看见一肩扛猎枪的狩猎者。无节制大规模的非法猎杀已使一些珍稀动物在月亮山灭绝，山中诱捕野山鼠、野鸡的卡子随处可见。

月亮山一带的水族、

◀ 山林里已很少见到老虎

▼ 大丰麋鹿国家级自然保护区麋鹿

苗族村民一向有吃野味的喜好。四五年前猎人进山狩猎，常能猎杀到野猪等大动物，不少村民在短短的两年内猎杀了上百头野猪。而在近一两年内大动物都没了影。动物越来越少，捕猎的人却越来越多，不少猎人于是将目标转向野鸟等小动物。

当地的大部分村民家里都将猎杀来的野山鼠、野蛤蟆和野鸟之类的小动物腌制起来，有的家里腌制了满满三四坛子的野味。

村寨的街市上，一些出售珍贵的动物皮毛的摊点更是随处可见。无度的非法猎杀，已使月亮山珍贵的野生动物资源遭遇前所未有的毁灭。

走私动物也是非法猎杀的原因之一

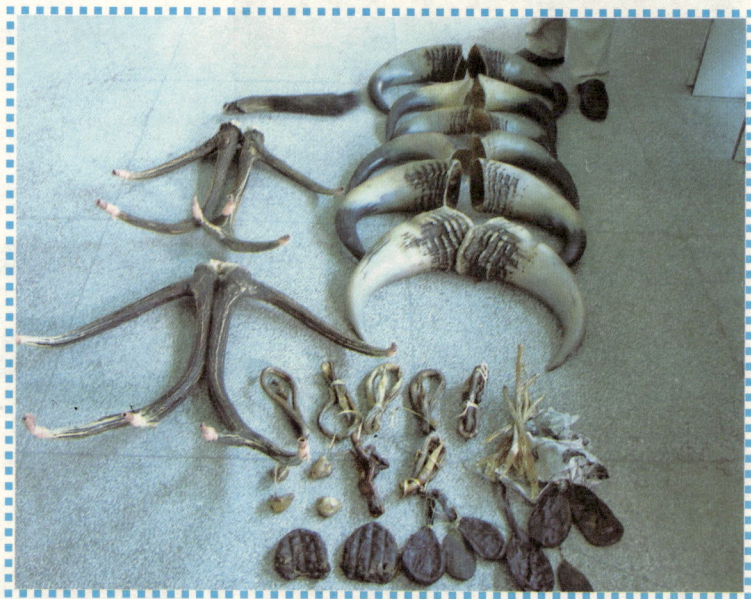

目前在阿尔巴尼亚法罗拉市的罗咖拉国家公园里，野生动物正遭到非法狩猎者灭绝性的猎杀。

在阿尔巴尼亚这个最大的野生动物保护区内，曾经有许多马鹿、野猪、山鸡和熊等野生动物。由于非法狩猎者的乱捕滥杀，现在已经很难寻觅到它们的踪迹。其他野生

动物有的已经灭绝，有的濒临灭绝。

　　我们呼吁人们在自己享受快乐的同时，给人类的朋友野生动物以生存的一席之地。告诫非法狩猎者放下可恶的猎枪，不要做历史的罪人。

动物的生衍死灭
与我们人类息息相关

野生动物是人类的朋友，是自然生态系统的重要组成部分，是大自然赋予人类的宝贵自然资源。保护野生动物，维护自然生态平衡，不仅关系到人类的生存与发展，也是衡量一个国家、一个民族、一个城市文明进步的重要标志。

看着鸟儿在天空飞翔，看着鱼儿在水中遨游。也许你会认为世界上的动物很多吧！但你是否知道，现在的动物不仅不多，而且有的动物已经很稀少，甚至某些动物已经灭绝。根据生物学家估计，几千年来被人类捕杀以致绝种的动物至少有数百种以上。如此一来，那世界上的动物种类越来越少，如果我们不能够及时挽救的话，那么将来世界上的动物就只有我们人类自己了！ 就拿印度洋毛里求斯

污染致死的鱼类

群岛上生活的渡渡鸟来说，由于它身上的肉鲜美无比，所以遭到当时人类的大量捕食，在17世纪就已告灭绝。但是如果当时人们有动物保护意识的话，就不会造成渡渡鸟的灭绝。再说生活在我国青藏高原的藏羚羊吧，因为其外层皮毛下面的被称做沙图什的绒毛异常精细，可以用来织成华丽的披肩，而惨遭偷猎者大肆捕杀。

我国是一个野生动物资源非常丰富的国家，但是由于生态环境的恶化、野生动物栖息地的人为破坏，致使我国野生动物的数量、分布范围正日益缩小，许多种类已处于濒临灭绝的状态。近几年，滥食野生动物的现象屡禁不止，使得许多已经处于濒临灭绝的野生动物的处境更加艰难。最近，滥食野生动物的现象还十分严重；滥食野生动物的行为也正受到越来越多人们的谴责。要彻底改变滥食野生动物这种不文明的行为，需要社会各界的共同努力。为此，我们倡议加大《中华人民共和国野生动物保护法》的普法力度，媒体和社会各有关部门，要进一步加强对保

护野生动物的普法、宣传教育工作，使《野生动物保护法》的宣传家喻户晓、深入人心。我们倡议保护野生动物是全社会共同的责任。林业、工商、卫生检疫、公安、交通等有关部门认真履行职责，相互配合，坚决打击非法盗猎、非法运输、非法经营野生动物的违法行为。全社会也要积极行动起来，举报并协助执法部门，坚决与各种破坏野生动物的违法行为作斗争。我们倡议：为了保护生态环境，为了保护野生动物资源，为了我们的身心健康，不食野生动物，树立饮食新观念，摒弃不良饮食陋习，保护野生动物从餐桌做起，争做文明、守法、有爱心的公民。

朋友们，动物是大自然留给人类的无价之宝，它们是我们人类的朋友。它们的生衍死灭与我们人类的生活是密切相关的。动物的大量毁灭对人类将产生严重的不良后果，造成生态严重不平衡，从而使人类的生存环境遭到破坏。让我们从现在做起，从我做起，保护动物，使世界变得更美好吧！

环境污染
导致动物变性

在我们生活中，你们可能听说过有些人通过手术而变性，这里给大家说一个奇事，动物自己变性了。

环境污染对生态系统与动物性别的影响，瑞典曾进行的一项新研究表明，雄性蝌蚪在类似自然界中含雌性激素的污染物环境下，最终会长成雌性青蛙。

瑞典乌普萨拉大学实验室的科研人员，模拟欧洲、美国与加拿大等国的工业污染环境，并将三组蝌蚪喂养在含雌性激素污染物的环境中，以研究青蛙性别的改变。

▲ 青蛙

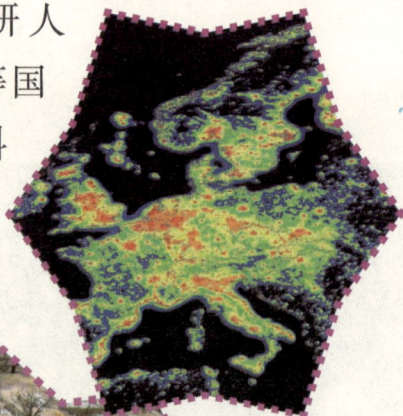

▲ 污染导致动物们变性

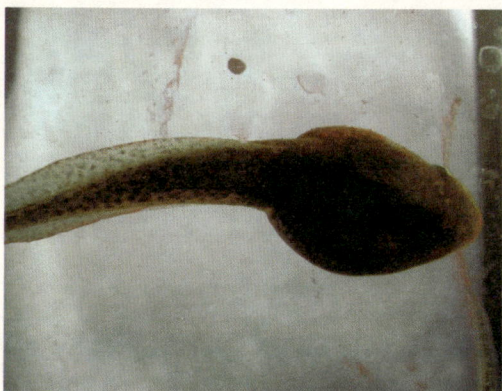

结果，在实验过程中，喂养在含不同剂量雌性激素污染物环境中的三组小蝌蚪，性别比例都发生了变化。其中一组小蝌蚪生活在雌激素浓度最低的污染物环境下，它们长成雌性青蛙的比例，是实验前雌性小蝌蚪的两倍。实验还表明，有些雄性青蛙经过变性后，完全具备了雌性青蛙的功能，但另一些雄性蛙虽然有卵巢，却无输卵管，变成了终身不孕的"阴阳蛙"。

这一结果让人震惊。我们只是向青蛙生长的环境中加入了一种污染物，就发生了如此明显的性别变化。而在自然状态下，青蛙面临的很可能是多种污染物混杂的环境。

在此之前，美国研究人员也曾进行过类似的研究：他们对雪豹蛙进行了性别变化实验，其中一组在实验室进行，另一组则在野外喷洒杀虫剂以产生含雌性激素的污染物，结果两组雪豹蛙都发生了类似的性别变化。

美国一种使用广泛而且使用时剂量较低的除草剂阿托拉辛，阻碍了青蛙正常的性发育，使它们从雄性变成雌性，或是不雌不雄的"阴阳蛙"。

很明显，如果青蛙种群都变成了雌性，将对青蛙的繁衍造成有害影响。各国必须改善影响青蛙生活的下水道污水处理系统，过滤含有雌性激素的避孕药品残留物与工业污染物。

除草剂可导致动物变性

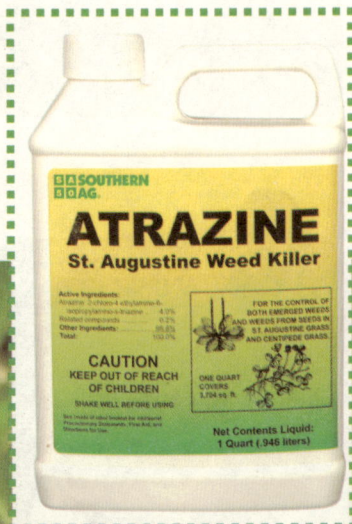

SOUTHERN AG.

ATRAZINE
St. Augustine Weed Killer

Active Ingredients:
Atrazine: 2-chloro-4 ethylamino-6-
isopropylamino-s-triazine 4.0%
Related compounds 0.2%
Other ingredients 95.8%
Total: 100.0%

FOR THE CONTROL OF BOTH EMERGED WEEDS AND WEEDS FROM SEEDS IN ST. AUGUSTINE GRASS AND CENTIPEDE GRASS.

CAUTION
KEEP OUT OF REACH OF CHILDREN

SHAKE WELL BEFORE USING

ONE QUART COVERS 3,704 sq. ft.

Net Contents Liquid:
1 Quart (.946 liters)

水体污染
动物遭遇不幸

水体污染，不仅会使水中的鱼类死亡，对于陆地上的动物，如果饮用了污染的水源，同样也会遭遇不幸。

▲ 海洋污染

造成水体污染的因素是多方面的，如向水体排放未经过妥善处理的城市生活污水和工业废水；施用的化肥、农药及城市地面的污染物，被雨水冲刷，随地面径流进入水体；随大气扩散的有毒物质通过重力沉降或降水过程而进入水体等。其中工业废水和城市生活污水的排放是水体污染的主要因素。

随着工业生产的发展和社会经济的繁荣，水污染日益严重。随着人口在城市的集中，城市生活污水、垃圾和

废水

废气已成为引起水体污染的另一个重要污染源。城市污染源对水体的污染主要是生活污水，它是人们日常生活中城市的各种污水的混合体，包括厨房卫生水、洗涤室、浴室等排放的污水和卫生间排出的粪便污水等。其来源除家庭生活污水外，还有各种集体单位和公用事业排出的污水。所谓的城市污水一般是指排入城市污水管网的各种污水的总和，有生活污水，也有一定量的各种工业废水。此外还有直接倾倒进入水体的各种生活垃圾。汽车和其他交通工具排放的尾气中的污染物降落在地表随同降雨夹带流入河流也会污染水体。同时，农村自来水普及程度不高，生活污水处理系统建设滞后，大部分生活污水都直接进入河流、湖泊，直接造成水体污染。一是洗涤污染。新农村建设初期，由于水源利用方式比较原始，大都在河塘中洗涤，污垢直接溶解在水体之中，造成水体中氮、硫、磷的含量较高，在厌氧微生物的作用下，易产生硫化氢、硫醇等具有恶臭气味的物质。村庄周边池塘及小沟经常出现水体漫混浊，呈黄绿色以及黑色的现象。二是人畜粪便污染。由于农村公共设施落后，饲养家禽及牲畜大多散养，圈养的不多，禽畜粪便散落村庄；大部分均有露天的厕所，如遇连阴天气，厕所粪便极易漫溢，对水体造成严重污染，特别是血吸虫病疫区加速了血吸虫病的传播。集镇、村庄等人口集中的河段，生活污水对水体污染影响十分严重。针对以上情况，我们怎么处理污水，减少水污染呢？

　　减少有毒有害物质的排放量。这是解决水污染的重要措施。减少排放量，少用甚至不用有毒物质，少用水甚至不用水。比如，电镀行业若采用无氰电镀，废水中的有毒物质就大大减少。二是开展综合利用，把废水中有用的成分提取出来，变害为利。采取紧急而切实的行动。对已经受到严重污染的河流进行水污染综合防治，坚决克服只顾发展，不顾环境，或者是"先发展，后治理"的道路的错误理念。这条道路急功近利，破坏性利用资源，污染环境，不仅危害子孙后代，而且已经危害到了当代人类，因此是十分错误的。克服这一危机的根本途径是改变发展模式，走可持续发展的道路。严格控制污染物排放总量，提高广大人民群众的环境意识。

保护空气的纯净，
拯救濒危的动物

　　大气有一定的自净能力，现代大工业发展以前，因自然过程等排进大气的污染物，与由大气自净过程而从大气移除的量基本平衡。但是20世纪五六十年代以后，现代大工业迅速发展，人类排进大气的污染物量大大超过了大气的自净能力，致使目前全球大气都遭到不同程度的污染。

▲ 大气污染

▲ 钢铁厂

动物和人类共同生存在一个大气环境里。大气污染对人类的伤害，动物也不能幸免于难。凡是对人造成严重危害的大气污染事件，对动物也产生同样的危害和影响。空气污染对动物的危害，除污染物的直接侵入造成伤害之外，还通过污染食品进入体内，导致发病和死亡。因为动物没有能力去选择和鉴别某些剧毒性的食品，所以它们将比人类更容易遭受污染物的伤害和影响。

美国一家炼钢厂排放大量的二氧化硫、三氧化二砷等废弃物，污染了厂区周围的牧草，使周围几百只羊中毒死亡。蒙塔那州磷肥厂排放大量的氟化氢，引发牛的氟骨病，导致牛奶产量减少，繁殖能力降低。

我国内蒙古包头钢铁厂曾经采用含氟量高的矿石原料，排放的烟气中氟含量很高，污染周围的牧草和水源，引发牛、羊、马等牲畜的骨骼变形、骨折等。

工业是大气污染的一个重要来源。工业排放到大气中的污染物种类繁多，有烟尘、硫的氧化物、氮的氧化物、

有机化合物、卤化物、碳化合物等。其中有的是烟尘，有的是气体。 生活炉灶与采暖锅炉：城市中大量民用生活炉灶和采暖锅炉需要消耗大量煤炭，煤炭在燃烧过程中要释放大量的灰尘、二氧化硫、一氧化碳等有害物质污染大气。特别是在冬季采暖时，往往使污染地区烟雾弥漫，呛得人咳嗽，这也是一种不容忽视的污染源。交通运输：汽车、火车、飞机、轮船是当代的主要运输工具，它们烧煤或石油产生的废气也是重要的污染物。特别是城市中的汽车，量大而集中，排放的污染物能直接侵袭人的呼吸器官，对城市的空气污染很严重，成为大城市空气的主要污染源之一。汽车排放的废气主要有一氧化碳、二氧化硫、氮氧化物和碳氢化合物等，前三种物质危害性很大。

　　为了保护动物，我们必须减少上面这些大气污染，给动物一个纯净的空气。

餐桌上的濒危动物

人类有时真的很自私，也很贪婪，为了自己的私欲把一些濒危的野生动物作为自己的美餐，却不知自己犯下的罪行有多大。这里给你介绍11种濒危的灭绝动物。要知道这些动物一旦消失，将不会再在我们人类的眼前出现。

🔺 人以外的动物在德国也被列入道德关怀的范围

　　总的来说，两栖动物已经濒临灭绝，在餐桌上已经少见。不幸的是，中国的娃娃鱼作为世上最大的两栖动物却被非法捕捉，时常成为餐桌上一道佳肴。

　　在非洲某些地区，大猩猩作为一道传统文化特色的餐桌美食而被习以为常地传袭下来。因此，大猩猩命中注定被人类捕杀。同时，森林的砍伐与栖息地的丧失也导致大猩猩种群的衰落。

　　大鳞大麻哈鱼俗称三文鱼，仅产于太平洋西北部。大鳞大麻哈鱼的天敌是海狮，在合法商业捕杀海狮的过程中，大鳞大麻哈鱼的数量有所增加，因此也遭到了合法的捕杀。这些年由于水域筑坝、污染和过度捕杀而使三文鱼数量急剧下降。

　　濒危鱼种虽然稀少而珍贵，但人们毫不吝惜地把利益之剑指向它们。金枪鱼是日本寿司的原材料，尽管濒临灭绝，却也无法躲过商业利益的捕杀。

北美驯鹿产于北美，数量稀少。尽管它受到了法律保护，但是仍然逃不过被捕杀的命运，加拿大魁北克市的因努人常常驾着雪车捕杀鹿群。

日本捕鲸舰队声明他们捕捉鲸鱼是为了研究，遗憾的是每年大量的捕杀只换来一个价值不大的研究成果。他们每年除捕杀大量濒危物种——长须鲸之外还捕杀数百小须鲸，而各大超市的货架上摆满了鲸鱼罐头。

众所周知，象牙很值钱，但是人们却不知道它的肉也很值钱。5000磅大象仅产1000磅肉，加上象牙就可以使一个偷猎者获得上万美金。

人们捕杀绿海龟是为了获得它们的壳、皮子、肉和脂

▼ 在台湾，遗弃动物将处以高额罚款

肪。在1977年《濒临物种保护法案》颁布之前，海龟蛋与海龟肉是夏威夷的一道美味佳肴。现在，在印度尼西亚和南亚的一些国家仍旧捕杀海龟。

淡水海豚仅产于恒河、印度河和亚马孙河。因环境污染和严重捕杀，淡水海豚数量急剧下降，到2006年时长江水域的淡水海豚已经灭绝。在未来的50年内，淡水海豚将可能成为第一种灭绝的哺乳动物。

印度野牛产于南亚，与被驯养的家养牛同属一脉，现在也是濒危物种。野牛因为肉味道鲜美，因此经常遭到捕杀。

恒河鲨油营养丰富，而且很珍贵，因此恒河鲨遭到了大量捕杀。其他鲨鱼种类也因为人们爱吃鱼翅而遭到了捕杀。在亚洲餐馆，晒干了的鱼翅制成的鱼翅汤因味道鲜美而深受人们的喜欢。

要知道，任何一种物种都是我们这个地球大家庭中的一员，都有着自己的作用，一旦一种物种灭绝，将会带来一系列的问题，给我们的家庭带来重大的创伤。为了我们的家园，请不要让这些濒危的野生动物再在我们的餐桌上出现。

人类对生物圈的破坏
导致生态环境紊乱

生物圈是一个统一的整体，包括各种动植物，还有光、水等非生物，当某一部分发生变化时，都会影响整个生物圈，所以我们得出生物圈就是一个生态系统，而且是地球上最大的生态系统，是所有生物共同的家园。

生物圈是我们每一个人的家，而且是所有生物共同的家园，一旦我们人类的活动破坏了

濒危动物

美丽的大自然

生物圈，使得生物圈无法恢复，那么地球上的生物也就无法生存了，所以我们要记住一句话：地球不光是我们人类的，它也是那些可爱动物的共同的家园。

在当今世界上，人类正以极快的速度来毁灭自己的家园。因为森林被破坏，大气污染，水土流失，使地球上每天都有上百个物种消失。这是多么可怕的一组数据啊！未来的某一天，亚洲象和东北虎会永远成为历史的遗迹。环境问题甚至影响着全人类的生存与发展。

例如，亚马孙河流域热带雨林的破坏，会对全球的气候产生影响；大气中CO_2浓度的升高和臭氧层的破坏，更是威胁着全人类的生存。

人类大量砍伐树木，使动物们无家可归，有的甚至还面临着灭绝的危险；人类大量排放污水，让鱼儿们无家可归，然后被毒死；人类大量排放废气，使鸟儿们不能在蓝天飞翔，鸟儿们也一个个被废气"杀害"。几十年前那清澈见底的小溪，如今成了一条黑乎乎的臭水沟。如果在溪边站一会儿，就可以看见有人把一袋袋垃圾扔入水中。再看溪的两岸，堆着成百上千袋垃圾，许许多多的苍蝇在密密麻麻的垃圾中飞来飞去，真是惊人！森林里的树木越来越少，草原上的草越来越少，一下子变得光秃秃的了。大城市的空气经常被汽车和工厂

▼ 中国特有的珍贵鸟类黑颈鹤

弄得很糟；成千上万吨的废气和毒气随着风散发到空气中。地球上的自然灾难也增多了！

汽车尾气、工厂废气的排放造成大气污染；大量使用农药，生活污水、工厂污水的任意排放会造成水污染；乱砍滥伐，盲目开发经济区，不合理的放牧等都会造成植被、森林、草原的破坏，从而导致荒漠化；滥用激素，城区大量使用幕墙玻璃，不经处理的各类废旧电池，工业垃圾，生活垃圾，医用垃圾等也可导致激素污染；光污染、土壤污染、水污染等非生物成分组成的环境一旦遭到破坏，都不可避免地破坏着生物圈，最终影响人类自己的生存。

如果人们再不重视我们身边的环境，地球将完全变成另外一个样子。全世界人民共同努力吧！保护环境，人与自然和谐相处。

动物们
求救的声音

保护动物，是我们人人都要做到的，许多人任意去猎杀动物，虽然现在的人都说要保护动物，但是还有很多顽固的人不听，继续猎杀动物，人类拿动物来观赏、卖钱，用兽皮做大衣……但你们有没有想过，如果你是一只动物，却遭到了人类的猎杀，你会怎么想，你愿意吗，你愿意被猎杀吗？你绝对不愿意，有些人说："我又不是动物。"但你们有没有想过动物们会怎么想吗？现在人类大量捕杀动物，动物会甘心吗？不，不会，永远不会。它们不愿意死在人类手里。它们愿意被你们猎杀吗？不，它们有一千个不愿意，一万个不愿意，一亿个不愿意……

▲ 请不要随意丢弃宠物

▲ 渡渡鸟

有些人虽然知道怎样去爱护动物，可是他们只会假惺惺地去教育别人，而自己却照样破坏环境，照样兴致勃勃品尝野味。

还有鲸，鲸不是让你们随意捕杀的，鲸是被杀掉一头就死一头的，不像小鱼小虾那样多，如果我们把鲸杀掉了，那我们的子孙后代，他们不是看不到鲸这种动物吗？

　　现在，有些动物已经灭绝了，鳄鱼虽然凶猛，但人类更凶猛。就是因为有些动物身上的器官具有突出的经济价值，由此成为被人类掠夺利用的对象，成为动物灭绝的主要因素。鳄鱼长着锐利的牙齿和硕大的食物胃口，我们都说鳄鱼可怕，但鳄鱼更怕人类，在人类的眼中，鳄鱼皮可以制成行李箱，手提包，钱包，鞋等物品，所以鳄鱼，现在已经成为快要灭绝的动物了。

　　《金色的脚印》，这篇文章讲了正太郎家捉来了一只小狐狸，两只老狐狸想尽办法救出小狐狸，正太郎很同情

▲ 鲸

▲ 鳄鱼

▲ 狐狸

北极狐

保护一草一木

小狐狸，他偷偷地给老狐狸投送食物，于是，他们之间建立了亲密、信任的关系，后来两只老狐狸救了正太郎，最后，小狐狸回归了大自然，两只老狐狸是多么高兴！这篇文章赞美了人与动物之间互相信任，互相帮助，和谐相处的美好关系，也展现了动物之间的浓浓亲情。我们就要向

正太郎学习，他帮助动物，动物也救了他，这样不是很好吗？为什么人们还是要捕杀动物呢？

在此，我呼吁人们，不要再破坏自然界中的花草树木，不要再乱杀一禽一兽，不要再杀害我们的朋友，要保护好自然界中的一个个生灵。消灭动物，就是在消灭人类自己。如果有一天世界上的动物全都消失了，那人类还能生存吗？要保护动物，珍惜这自然界里的每一个生灵吧。

朋友们，动物是大自然留给人类的无价之宝，它是我们人类的朋友。它们的生衍死灭与我们人类的生活是密切相关的。动物的大量毁灭对人类将产生严重的不良后果，造成生态严重不平衡，从而使人类的生存环境遭到破坏。让我们从现在做起，从我做起，保护动物，使世界变得更美好吧！保护动物，就是保护人类自己！

污水排放，鱼儿无家

　　在以前的时候，有许多河的河水是清澈见底的，河里能见到成群的鱼虾，夏天晚上能听到青蛙的鸣叫，而现在河水已发黑、很难再见到鱼虾，变成名副其实的臭水沟。这是什么原因呢？洗涤剂对水生动物存在毒害作用，尤其对水生动物的呼吸系统伤害较大。高浓度的洗涤剂溶液能引起水生动物的很快死亡。

被污染的河水

　　洗涤剂只是生活污水中的某一种有害物质，那么生活污水中还有哪些有害物质呢？在大量排放的生活污水中除了含有洗涤剂等有害物质毒害水生动物以外，污水中还含有大量的氮、磷元素，使河水富营养化，导致水中藻类植物大量繁殖。藻类植物呼吸作用消耗了大量的氧气，使水中缺氧，水生动物缺氧死亡。同时藻类植物死亡后，经腐烂分解后，会产生大量的有害物质，加速了水生动物的消失。环保部门对工业污水的排放有明确的指标，而对于生活污水的排放，还没有明确的指标，缺乏有效的治理措施。导致生活污水污染日趋突出，大有超过工业废水污染而"后来居上"的势头。

　　那么工业污水对鱼类的影响到底怎样呢？这里给你举一个例子你就知道了。

　　有一团湖渔场养鱼，水面出现大量成品鱼死亡的现象，短短的4天时间，渔场的所有鱼全部死亡，总数多达数

十万斤，包括一些珍贵鱼种。如：黄古鱼、桂花鱼等。其经济损失无法估量，而且出现死鱼现象的不止是本人的渔场，而是影响到整个湖区，可是说得上是毁灭性的灾难。

出现事情之后，本村的村领导、乡政府、渔业部位、环保部位的有关领导全部到现场查看观察之后，初步得出的结论是：水质污染，污染源有两处，一处是位于上游的岳阳石油化工总厂，还有一处位于渔场对岸的工业园区，为了进一步查明污染源，经过渔政办的领导决定由岳阳市的水质部门来人抽样化验，检验出来的结果是工业园的污水直接导致渔场的鱼全部死亡的原因。

建设生活污水处理设备，让生活污水经处理后成为回用水。政府利用价格机制，提高自然水的价格，降低回用水的价格，鼓励居民使用回用水。保证在对有限的水资源的利用的同时，又对周围的水环境起到较好的保护。而对于工业污水，应当采取正当的除污，而不能随意的排入水中，造成鱼类死亡。

▲ 废水要经过处理后才能排出

少抽一支烟，
留住一只鸟

阳春三月，本是江上水鸟翻飞的季节，可现在的春天在江面上却很难看到群鸟踪影。鸟儿们都去了哪里？大概是去了天堂吧！

人们都说小鸟是无忧无虑的，可是小鸟的生活并不快乐。现在森林被砍伐，河水遭污染，空气很污浊，天空灰蒙蒙的，它们已经快生存不下去了。想想它们以前的家：森林茂密葱郁，河水清澈见底，空气新鲜流通，天空湛蓝湛蓝的。而现在，河面到处是漂浮的垃圾，可怜的小鱼儿正在黑黑的河水中痛苦地挣扎，往日鱼儿们那活蹦乱跳的

样子已不见踪影。人们无情地没日没夜地砍伐树木，那一排排的工厂，不断冒出浓浓的黑烟，原来是这些工厂排放出的黑烟破坏了环境，污染了空气。路上，每个人手中叼着一根烟，余烟寥寥，飘散在空气中，小鸟们恨不得带个口罩出行。

现在的城市已经很少能看到成群的小鸟在天空中自由的飞翔了。

▲ 滚滚浓烟

从前，"小鸟的家园"是绿色的、生态的。小河绕村，阡陌纵横，野鸟群居。无数的鸟儿在田里啄食、嬉戏，一会儿就"呼啦啦"一声，同时振翅起飞，就近停歇在附近的树木、电线或屋顶上，密密麻麻，颇为壮观；而很快，它们又重新落到田中，然后再上飞，这样反反复复要好多次。夕阳西下的时候，麻雀漫天飞舞，黑压压地掠过橘红色的天空，那种景观令观者陶醉，对这群褐色的精灵的好感也

会油然而生。

然而，现在，大气污染物，尤其是二氧化硫、氟化物等对空气的污染是十分严重的。鸟儿失去了赖以生存的环境，我们再也见不到从前那些美丽景象。

无论是生态市建设，还是改善城乡结合部环境，推进城乡一体化，都是近年来为大家所共同关注的问题。但希望不管怎么变化，这里总该为小鸟们留出一个空间，让欢快而热闹的鸟鸣声持续下去。

而我们应该从身边的小事做起，每个人少吸一根烟，就等于每个人净化了一小寸的空气，劝诫一个人少吸一根烟，又为环境美化作出了一点贡献，靠我们大家的力量，就能还鸟儿一个自由干净的天空。

▼ 保住一片蓝天

长江水域急剧恶化，万年白鳍豚或已绝种

在长江里大约生活了2500万年的白鳍豚，是我国独有的珍稀水生哺乳动物，分布在长江中下游，数量极为稀少，濒临绝迹，其形态漂亮，被誉为"长江女神"。它是中国目前最为濒危的动物，也是世界上几种最濒危的动物之一。从某种程度说，白鳍豚比大熊猫还要珍贵呢！

近几年来，随着经济社会的快速发展、人口急剧增长以及城镇化速度的加快，长江流域污水排放量呈逐年增加的趋势，"白色污染"有增无减、"转嫁污染"层出不穷，致使长江水质进一步恶化。环保专家忧虑地说，国家如果不抓紧规划治理水污染，加强水资源保护，10年后长江很可能重蹈黄河和淮河覆辙。在这样恶劣的生存环境中，几乎已经找不到白鳍豚的踪迹。

在地球上生

存了2000多万年，只在中国长江出没的"长江女神"白鳍豚，科学家宣告极可能已经绝种，是有史以来首次有鲸类海洋生物因为受到人类活动的影响而绝种。科学家花了很长的时间进行观察和寻找，都找不到这种比大熊猫还珍罕的动物的踪迹。

▲ 现在，白鳍豚的照片也已很难见

白鳍豚面临这个厄运，一个主要原因是随中国经济起飞及急速发展，愈来愈多货柜船在长江航行，也有很多渔民沿江撒网捕鱼，对江中的生态造成严重破坏。生态学家形容这是一场"令人震惊"的悲剧，并非意外和不小心造成，而是人为因素带来的恶果。

在20世纪50年代，于长江流域和附近水域出没的白鳍豚，曾达到数以万计。但从那时起，长江水已经渐渐变得非常可怕。

江中船舶的数量也越来越多。航运业的发展及船只的噪声，干扰了白鳍豚的声纳系统。白鳍豚主要靠脑部声纳发出声波进行回声定位，以辨别方向、招呼同伴、逃避危险。在春季发情期，动物比较兴奋，容易产生错觉，它会将接近的船当做同类迎上去。而长江的船太多了，白鳍豚像是迷失在马路中间的行人，避开了这艘，又会撞到另外一艘，它们生活在一个极不安的空间里。

人们的乱捕乱捞，使白鳍豚无处藏身，同时也丧失了食物来源；一些捕鱼的利器——比如滚钩，穿透它们的身体。在一具白鳍豚的尸体上，被滚钩扎伤的伤痕有103处。在中科院水生所的博物馆里，陈列着惟一几乎孕育成熟的白鳍豚胎儿标本，它静静躺在福尔马林液体里，好像睡着了。就在要离开妈妈时，母亲的头被螺旋桨削去了一半。

一整个族类的哺乳类生物在这么短时间内完全灭绝，实属罕见。人类损失了一种独特和充满魅力的生物品种。白鳍豚在地球上消失，表示进化生命树上有一条旁枝完全消失，显示我们仍然未做好保护地球的责任。

拒绝鲨鱼翅、
不食小动物

  目前，鲨鱼是已濒临灭绝的海洋动物。随着人们生活水平提高以及各种渠道对鱼翅保健功能的大肆宣传，使得以商业利益驱动的捕杀鲨鱼活动十分猖獗，导致鱼翅消费激增，致使已存活近四亿年的海洋生物鲨鱼濒临灭绝。食用包括鱼翅在内的鲨鱼制品严重危害着我们的生态系统。

你知道吗？我们餐桌上香喷喷的鱼翅汤就是鲨鱼的背鳍做的，一旦被割去了背鳍鲨鱼就会因为失去平衡能力沉到海底饿死，这个挣扎的过程会持续两星期。人类对鲨鱼的理解受媒体的严重误导，人们一直认为鲨鱼是极其危险的动物，于是捕杀鲨鱼好像就成了正义的事。其实鲨鱼并不吃人，它只是在感觉到危险时才具有攻击性，而人类非法捕杀已经到了很严重的地步，试想一下作为海洋食物链的最高端生物如果灭绝的话，会带来什么灾难性后果。

而且，鱼翅大多数是销往亚洲国家，仅仅是因为人们相信吃鲨鱼翅会防止癌症和延缓衰老，但目前并没有任何科学依据能够证明这点，鲨鱼也同样会得癌症和病死。一盘没有任何科学根据的营养餐却要已牺牲一整条鲨鱼为代价，我们正在做着一件非常愚蠢的事。

也许，很多人会说，拒食鲨鱼翅是有钱人要做的事，普通人连接触这类食物都难，更别说食用了。我们要做的不仅仅是拒绝鱼翅，其实我们身边那些可爱的小动物，你也可以做到不再食用。

动物不仅给人类提供食物而且提

供精神力量，动物是人类的朋友，而不是单纯的食物，不管是猛兽还是宠物、家畜，人类与动物都有着深厚的感情。

如果我们想过一个"敦亲睦邻"的生活，那么我们的"邻居"应该也包括我们的动物朋友，特别是它们不会伤害我们，又那么可爱，可以美化我们的生活，使我们的生活更活泼有趣、更多彩多姿，所以我们应该保护它们、照顾它们、爱护它们并欣赏它们才对。

动物不仅对人类忠于职守，还为人类作出了巨大贡献。

在以前，渔夫非常崇拜海豚或友善的鲸鱼。因为有时候船只遇到暴风雨、台风等危险情况时，鲸鱼或海豚会

帮他们领航，或者把他们的船只推到安全地带，偶尔也会把溺水的人推回陆地。所以，渔夫他们从来不杀害这种动物。如果它们意外死亡，被人们发现，那些渔夫或在海里游泳的人会因此而为那条鲸鱼或海豚立个墓碑，日夜祭拜它。我们也都知道有些动物的确非常聪明，这是无可置疑的。甚至连猪或家中的宠物，它们的忠心、忠诚和友善的特质，以及救难的英勇事迹，都为人们所耳熟能详。

报纸上经常会报导动物所做的一些奇迹般的事情，像是狗儿从着火的房子救出小孩；小猪跑很远去救出它的主人，即使不久后它可能就要被杀掉；或者有的马儿会一直待在主人坟前，至死也不肯吃任何东西；或是有些狗不肯离开它主人的坟墓等等，这类故事不胜枚举。

动物、植物、人类，都是有生命的。虽然动物帮了我

忠诚的狗卫士

们这么多，但是有的人却不懂得知恩图报，反而有意无意地去伤害它们。动物和我们人类一样，它们也是有血有肉的，它们也会知道什么是痛，什么是爱！人类所拥有的一切，它们也拥有！

我们都知道藏羚羊下跪的故事，那只藏羚羊是为了肚子里的孩子而跪在猎人的面前恳求，但是它还是逃不过此劫！我们也知道羚羊飞渡的故事，它们被猎人追到了悬崖的最末端，已经走投无路了，它们最后采取了牺牲一半救一半的方式，跳过了悬崖，获得了新生！动物也是有感情的，我相信只要人类好好地对待它们，它们也会有所报答的！

我们忘了这个世界是大家共有的，不是我们人类所独占而已，所以我们不应该杀害动物，更不应该吃它们。

让我们携起手来，好好保护动物，和它们做好朋友，共创美好未来！

不要占据动物的家园

随着科学技术的发展，人口的增加，人类活动空间逐步扩大。人类正在一步步地逼近大自然，逼近野生动物，蚕食它们的领地，正在打破原来与野生动物相邻而居、各得其乐的生存局面。

强壮的大象

当非典袭击，人们突然发现危险源就在自己的身边。

2005年，禽流感多点暴发，人们突然发现，自己离候鸟的距离是如此之近——候鸟栖息的湖泊、湿地已变成了人类的鱼塘、稻田，人类侵占了它们的生存空间。

然而，并不是所有人认识到了身边的危险。乌鲁木齐市青格达湖附近的村民还在筹划如何开鱼塘、开垦湿地、在湿地上放牧、打猎，邻村发生的禽流感并没有引起他们的警觉，在他们看来，发生禽流感是运气不好。

鱼塘、稻田里都是鸟粪，人、牛羊与候鸟亲密接触，使禽流感在人间传播成为可能。正是人类自己拆除了人与野生动物的隔离缓冲带，侵占野生动物的领地，强行打扰它们的生活，也正是人类无止境地掠夺大自然，强占资源，把人类自己带到了危险的边缘。

在郑州花园路动物园北门有2只狮子和1只老虎关在铁笼里头，还有10多只鸸鹋，何所谓动物园，有自己的领地不让居住非得关在铁笼里。原因是动物园的50亩公共绿地被当时的省属某单位借用，场地成了汽车驾驶员培训学校、商店、发行站、公司。

人们已经砍掉了非洲的
大片林地，这导致非洲黑猩
猩以及其他灵长类动物的逐
渐消失，包括东非大猩猩、
西非大猩猩、刚果河以南的
倭黑猩猩以及亚洲的猩猩，
所有这些长臂、无尾的大型类
人猿是动物界中与人的亲缘关系
最近的。但是由于人类活动造成类
人猿栖居地的缩小，使得这些类人猿都面临灭绝的危险。

非洲的人口数量正在迅速增长，国家的内战和不安定
也是类人猿减少的一个影响因素。象刚果民主共和国内战
导致数百万人逃离家园，很多家庭逃进森林。他们砍倒树
木，生火或者建农场。更糟糕的是，木材公司伐木毁林毁
掉了类人猿很大一部分的栖居地。

日益减少的森林还使类人猿更易受疾病的威胁。由于
人类铺筑了伐木路，建起了农场，给类人猿留下的都是些
支离破碎的栖居地。由于被限制在有限的几块栖居地内，
大猩猩和黑猩猩很容易生病。那儿没有足够的食物，因而
使它们的体质下降。另外，由于被限制在很小的范围内，
疾病很容易传遍整个群体。支离破碎的栖居地还导致类人
猿同人类接触增多，从而有可能感染人类身上的疾病。使
人类生病几天的感冒就可以消灭整群黑猩猩。

拯救类人猿，我们能做些什么呢？人类的发展不要破
坏类人猿的栖居地。保护动物，就不要侵占它们的领地。

保护动物
就是保护整个地球

我们只有一个地球，那是我们人类和野生动物共同的家园。

▲ 海洋环境与人类共存

　　由于环境的恶化，人类的乱捕滥猎，各种野生动物的生存正在面临着各种各样的威胁。而它们的灭绝会导致许多可被用于制造新药的分子归于消失，还会导致许多有助于农作物战胜恶劣气候的基因归于消失，甚至引起新的瘟疫，由此所造成的损失是我们永远也无法挽回的。

　　食用野生动物极易传染疾病。野生动物与人类共患的疾病有上百种，如狂犬病、结核、鼠疫、甲肝等。它们的内脏、血液乃至肌肉中均含有各种病毒、寄生虫，如B病毒、弓形虫、绦虫、旋毛虫等，有些即使在高温下也不能被杀死或清除。稍有不慎，就会得出血热、鹦鹉热、兔热病、脑囊虫、肺吸虫、血吸虫、肠道寄生虫病等。例如我国主要猴类之一猕猴有许多都携带B病毒，而生吃猴脑者感染的可能性很大，一旦染上B病毒，人则必死无疑。再拿人们吃得最多的蛇来说，它的患病率很高，诸如癌症、肝炎、寄生虫病等几乎什么病都有，再者，在广东地区，由于对饮食力求新鲜，食用生食和半生食，这使得食源性的寄生虫发病率逐年增加。另一方面，各种家养动物能够为我们提供足够的营养，所以人类没有必要去食用野生动物。

地球本来是个有机的统一体，一切生物都生长、繁衍、进化在这个统一体之中。天生我才必有用。也可以说，天生我们人类，就应该是有用的；还可以引申一下，天生动物，生植物，生一切生命，都是有用的。它们的存

保护海洋就是保护我们自己

▲ 为了地球上的生命——拯救我们的海洋

在，就说明有用。我们有些人也说"有用"，一看到森林，就想到木材；一看到河流，就想到发电；一看到草原，就想到放牧，变成牛肉羊肉，一看到动物，就想到能不能吃，能不能用，能不能入药。不是说这样想不对，这样做不对，而是太狭隘了，太片面了，从生态观点来看，问题要复杂得多，深刻得多。

有人说，生态财富是顶级财富，而许多人看不到这点。正如原始森林的生态效益、科学效益、社会效益、也包括经济效益，其价值是无限的，如果你只把森林看作木材，那只是看到了森林全部效益的百分之几，把森林砍了，就等于只用了百分之几，而破坏了九十几。所以我们应该学会用生态学的观点观察问题，任何组成天然群落的物种，都是共同进化过程中的产物，各个生物区系的存在和作用，都是经过自然选择的巨大宝库，各个物种和人类一样，人类也和各个物种一样，都是自然界中的一个环节，在漫长的进化发展过程中共同维持着自然界的稳定、和谐和发展。在这个五花八门的生物圈中，谁能适应，谁发挥优势，谁被淘汰，这是在自然历史的长河中物竞天择、不断演化、不断优化的结果，既非上帝所创造，更不能由人类来主宰。这就是大自然为什么拥有物种的多样性、遗传的变异性和生态系统的复杂性的根源。

放眼宇宙，大小星球无数，又有哪个可以和地球相比？过往历史无穷，又有什么样的奇妙想象可以比喻现在的世界？所以，我们爱这个物种多样性的世界，爱这个统一和谐的大自然，爱与我们生活息息相关的生命现象，更爱我们的子孙——希望他们永远享有和我们同样美好或者更加美好的生活环境。

保护大熊猫的
栖息地和食物来源

大家都知道，大熊猫是我国所独有的，它们是稀有的珍贵动物，保护大熊猫一直是我们所共同努力的。

▲ 生命来自于热爱

卧龙和唐家河自然保护区相继发现并救治了两只野生大熊猫，它们都是地震后出现在受灾地区的野生大熊猫。地震灾害致使大熊猫栖息环境破坏，它们突然闯入低海拔人类活动区域实在迫不得已。由于地震灾害导致大熊猫栖息地植被发生变化，特别是高海拔地区的大熊猫主食竹将逐渐被冰雪覆盖，随着冬季冰雪来临，该区域的野生大熊猫食用竹将成问题。

事实上，汶川大地震后，包括卧龙、成都等大熊猫的食用竹均受到很大影响。成都熊猫基地在绵阳等地的竹源地遭到严重破坏，已经影响到了配种雌性大熊猫和幼年大熊猫的正常生活。圈养大熊猫如此，野生大熊猫的境况更是令人担忧！地震损毁的大熊猫栖息地有180万亩，其中位于邛崃山系的卧龙自然保护区受损特别严重。重新开辟新的竹源，是解决当前大熊猫口粮的最好办法。

现在最让人担心的是，冬季冰雪来临，高海拔的大熊猫

▲ 箭竹

主食竹将逐渐被冰雪覆盖，造成野生大熊猫食物缺乏，而邛崃山系又是世界自然遗产大熊猫栖息地的所在，生活在那里的大熊猫更让人关注。

怎样来保护大熊猫，我们应采取什么措施呢？WWF与专家及合作伙伴共同制定了未来邛崃山系大熊猫及其栖息地生物多样性保护战略，并确认了开展保护工作的关键区域和行动计划。未来，WWF的保护工作将加强对周边栖息地的协调，通过现实改造，使原来大熊猫的潜在栖息地转变为实际栖息地，让大熊猫活动范围更大，密切关注区域内大熊猫的扩散和退缩情况。大熊猫实际栖息地扩大以后，可以缓解高海拔的大熊猫因主食竹被冰雪覆盖而造成的食物缺乏影响。

"5.12"汶川大地震对邛崃山系内的卧龙、鞍子河、草坡三个保护区影响比较大，不仅保护区内的植被、景观受到巨大破坏，这几个保护区的基础设施、设备及人员都有不同程度的损失，也给大熊猫保护工作带来了新的困难。WWF与合作伙伴共同实施保护战略，将对这一地区进行恢复和科学管理保护。

保护大熊猫，就必须保护好它的栖息地和食物来源，才能让它们有个稳定的家。

合理利用资源，
保护动物的家园

随着我国经济社会的持续快速发展，能源严重紧缺、资源供应不足、环境压力加大已经成为全面建设小康社会、加快推进社会主义和谐社会建设的重要制约因素。现代社会科技很发达，但有些人没有保护环境的意识，把花草树木全都砍掉了，破坏了自然环境，动物的家园也被毁了。

资源并不是取不完的，有的要靠劳动，创造出来。可是有些资源，无论你多努力付出，还是不能挽回。工厂、车子、电器都

◀ 保护动物，人人有责。

成了地球的"天敌"。这些东西在不断的污染地球。由于人们过量的砍伐树木，地球上的树也不断减少，导致了沙尘暴的来临。人们又养成了浪费电、浪费水的习惯造成了世界上可用的电和水也越来越少了。我们要节约身边的每一点资源，这样我们才能有继续在这个地球上生存的权利，这样我们的动物朋友们才能更加长久的快乐的和我们享有同一个家园。

众所周知，能源、原材料、水、土地等自然资源是人类赖以生存和发展的基础，是经济社会可持续发展的重要物质保证。首都有些行业和地区资源利用效率低、浪费大、污染重，资源约束的矛盾日益凸显出来。巧妇难为无米之炊，经济发展离不开资源的支撑，资源的承载能力也制约着经济的发展。许多资源特别是可再生资源，不是取之不尽、用之不竭的，其供给能力是有限的。

要大力推进资源节约活动的

▲ 爱护动物已成为目前世界十大环保工作之一

深入开展，促进全社会树立节约资源的观念，培育人人节约的社会风尚。加强宣传教育，增强全社会的资源意识、节约意识和环保意识。运用各种手段和舆论传媒加强对建设节约型社会的宣传，把宣传资源节约的重要意义和相关知识、常识结合起来，增强全民特别是各级领导干部的资源意识和节约意识，并有效遏制高耗能产业和行业盲目发展、低水平重复建设和严重浪费资源的现象。依靠科学技术降低消耗，防治污染，切实保护生态环境。推广采用节能、降耗、节水、环保的先进技术设备和产品，强制淘汰消耗高、污染大、质量差的落后生产能力、生产工艺和产品，严格执行环保、安全、能耗、技术、质量等标准，依法关闭污染严重、破坏资源的企业，切实推进经济增长方

式由粗放型向集约型转变；采取减免税、直接补偿等政策，激励企业自觉节能。

节约资源人人有责，需要人人参与。每一个单位、每一个企业，乃至每一个家庭、每一个公民，都是节约资源的主角，都承担着节约资源的责任和义务，都要行动起来，进一步强化节能意识，落实节能措施，在工作和生活的每一个环节上都珍惜资源，形成一个节约资源光荣、浪费资源耻辱的社会氛围，为首都构建节约资源型和谐社会而共同努力。

从身边的小事做起，注意细节，你就为保护我们和动物的家园作出了贡献。有些东西你可以不用，不使用非降解塑料餐盒，拒绝使用一次性用品，节省纸张回收废纸，多用肥皂少用洗涤剂，拒绝过分包装，不燃放烟花爆竹，

拒绝使用珍贵木材制品；有些东西你可以少用，节约用水随手关闭水龙头，随手关灯节约用电，去超市尽量使用布袋，少用化肥尽量使用农家肥；有些事情你可以不做，拒食野生动物，不穿野兽毛皮制作的服装，不乱扔烟头，不向江河湖海倾倒垃圾；有些事你可以多做，尽量乘坐公共汽车，尽量利用太阳能，参与环保宣传。

其实，我们可以做的还有很多很多。试想，你为节约资源跨出的一小步，实际上在我们共同的努力下为保护环境跨出的一大步。我们少一点浪费，多一点责任，就是为可爱的动物们争取了少一点的死亡，多一点的生存空间。

洁净水域，还动物一个原生态的栖息地

水中生活着各种各样的水生动物和植物。生物与水、生物与生物之间进行着复杂的物质和能量的交换，从数量上保持着一种动态的平衡关系。但在人类活动的影响下，这种平衡遭到了破坏。

当人类向水中排放污染物时，一些有益的水生生物会中毒死亡，而一些耐污的水生生物会加剧繁殖，大量消耗溶解在水中的氧气，使有益的水生生物因缺氧被迫迁徙他处，

或者死亡。特别是有些有毒元素，既难溶于水又易在生物体内累积，对人类造成极大的伤害。如汞在水中的含量是很低的，

▲ 国家一级保护动物赛加羚羊

但在水生生物体内的含量却很高，在鱼体内的含量又高得出奇。假定水体中汞的浓度为1，水生生物中的底栖生物

（指生活在水体底泥中的小生物）体内汞的浓度为700，而鱼体内汞的浓度高达860。由此可见，当水体被污染后，一方面导致生物与水、生物与生物之间的平衡受到破坏，另一方面一些有毒物质不断转移和富集，最后危及人类自身的健康和生命。

水污染对水生生态系统中的生物类群既有直接影响，也有间接影响。污染物对鱼类的生物效应包括：死亡、回避、生长缓慢、产量减少和增殖率下降以及种群和群落的变化。如毒性较强的重金属、氰化物、游离氯、硫化物、农药和石油，因不同浓度，可引起鱼类和其他水生生物的急性中毒，轻则生长发育受阻，重则死亡。

把森林还给老虎，
做真正的森林之王

老虎曾经是森林之王，可是现在它们的踪迹越来越少了，现在它已被列为濒危物种之一。

野生老虎的存在是健康生态环境和生物多样性的象征，处于食物链顶端的老虎在其自然栖息的森林中起着维护生态平衡的重要作用。目前，威胁老虎生存的因素包括很多，其中就包括栖息地丧失。曾经的森林之王，如今，森林似乎已经不再属于它们。

森林，是物种最为丰富的地区之一。由于世界范围的森林破坏，数千种动植物物种受到

灭绝的威胁。热带雨林的动植物物种可能包括了已知物种的一半，但它正在以惊人的速度消失。如果再这样继续下去的话，就将会使几千种物种毁灭。大规模森林砍伐、大量二氧化碳排放、大范围森林物种的杀掠，人类在破坏森林的这一"壮举"中起了不可磨灭的重要作用。

　　森林主要分布在南北美洲、亚洲北部和东南部，赤道附近。其中森林资源最丰富的国家是巴西。而我国的天然林主要分布在东北、西南地区。东南部地区和台湾省主要是人工林。由于我国人口多，人均林地面积就相对很少。毁林开荒、乱砍滥伐，使我国本来就不多的森林资源破坏非常严重。火灾、虫灾等也加剧了对森林的破坏。面对森林严重不足，对现有森林资源的保护就日益重要。

◀ 虎趣

保护森林，政府也下了很大力气：加强了林政管理，制止滥砍乱伐；建立了自然保护区，保护物种丰富和具有代表性区域的森林生态系统；大力植树造林，特别要多造薪炭林和用材林，以减轻樵柴和商业性采伐对森林的压力。

保护森林，人人有责；保护森林，也不难做到。如果有机会，你就参加植树造林活动；如果你没机会参加植树造林活动，但有抽烟的嗜好，可以不在林区吸烟，以免由自己引起森林火灾；如果你不吸烟，但经常到饭店用餐，可以拒绝使用一次性筷子；如果你从不去饭店就餐，而是大部分时间在办公室工作，可以尝试"无纸化"办公；如果办公必须用纸，你还可以将打印纸正反两面都有效利用，用完后再合理回收。总之如果你对凡需要木材或以树木为原料的生活消费或工作消耗，能不用将不用，能节省则节省，就是在实践"低碳"生活，就是在用实际行动保护森林。

人类和动物共同拥有地球这个大家园，地球不是人类独有的，森林也不是单为人类服务的。让我们从小事做起，把森林还给老虎，它们才是真正的森林之王。

黑犀牛对非洲丛林的忠言：
不要让其他动物再像我们一样灭绝

黑犀牛又叫尖吻犀，产于非洲东部和南部的小范围地区。20世纪，黑犀牛曾经是所有犀牛重数量最多的一种。近年，黑犀牛的数量急剧下降，从以前的七万多头下降到如今的两千多头。

黑犀牛中最珍稀的亚种是西部黑犀牛。西非黑犀牛曾广泛分布在非洲中西部的大草原上，但是近年来西非黑犀牛数量急剧下降。西非黑犀牛被宣告灭绝于2006年，当时自然资源保护主义者未能在喀麦隆最后的栖息地找到它们。据估计，这一珍稀物种的成年个体总数量不到50头，事实上可能已经彻底灭绝。

最近一次在喀麦隆北部的一次调查行动中，并没有发现野生西非黑犀牛的踪迹，然而令人震惊的是，当地偷猎行动依然非常普遍，即使还有野生西非黑犀牛也难逃偷猎者的捕杀。如同其他黑犀牛种群一样，在过去的50多年间，西非黑犀牛种群数量下降超过80%，专家担忧该物种已经灭绝。偷猎者为获得西非黑犀牛头上的尖角大量猎杀它们，因为有些人认为尖角有壮阳的作用。

为了人类的一己之私，导致一个物种的灭绝，听起来真可谓是惨绝人寰。实际上，世界各地，有太多像黑犀牛一样的动物已经灭绝或是濒临灭绝。

▲ 动物园里的黑犀牛

黑犀牛的亲戚白犀牛，刚果瓜兰巴国家公园拥有世界仅存的不足25只，北部白犀牛将可能在地球上彻底消失。北部白犀牛与非洲南部的白犀牛在基因上存在较大差异，它们曾在乌干达大量繁殖，但是由于当地说什么的疏于保护而渐渐消失。

苏门答腊虎，在野生状态下只有20只。随着40年代巴利虎和70年代里海虎的灭绝，人们预计，这一物种在不久的将来也将在地球上消失。

奥里诺科鳄鱼，南美洲体形最大的食肉动物，也是地

球上12种最濒临灭绝的物种之一。

僧海豹，据专家估计，世界上仅有500只，生活在地中海，受到海水和海滩生态环境变坏的影响，被渔民大量捕杀。

兰坎皮海龟，目前全世界范围内12种最濒危动物中唯一数目成增长趋势的动物。需经历11~35年成长期。

斯比克斯鹦鹉，在野生状态下虽没有完全灭绝但已经少得不能再少。1990年寻找这种鸟的鸟类学家仅仅找到一只幸存的雄性鸟，生活在遥远的巴西东北部地区。

而在非洲大陆，20世纪90年代，马拉三角洲的狮群有80多只狮子，但是只几年功夫，狮群的数量就锐减到了40只左右。主要问题在于捕猎陷阱，许多狮子被捕猎其他动

物的铁丝网陷阱套住而死去。更严重的是，马赛当地人也在猎杀狮子。

现在，在非洲的保护区内我们还能到处看到诸如大象、水牛、印度豹、斑马、瞪羚之类的其他动物。在横越保护区的河流的混浊泥水中，遍布河马和鳄鱼的踪迹。但是，如果人类继续用铁丝网陷阱、枪炮来捕杀动物，我们就再也看不到它们安详的身影了。这些危险的武器，目前已导致大量非洲珍稀动物死亡。

这些生锈的铁丝所造成的伤害是显而易见的，它们刺伤了大象的鼻子，折断了羚羊的脚。他们用野味来满足家庭的需要和对金钱的需求，殊不知，他们的这种行为实际上也是在灭绝人类自己。

黑犀牛在呼吁：不要再出现和我们一样遭灭绝的动物。它们用自己的灭亡来震撼和警醒人类，伤害动物的结果只能是都走向灭绝。

土地沙漠化，
动物的家园遭到破坏

荒漠化是由于气候变化和人类不合理的经济活动等因素，使干旱、半干旱和具有干旱灾害的半湿润地区的土地发生了退化。荒漠化阻断野生动物迁徙路，致使动物受到了伤害。怎样才能杜绝土地沙漠化呢？

▲ 濒危物种亚洲象

人口持续增长导致的对资源环境压力的增大是耕地指数和草原载畜量对沙漠化影响产生累加效应的根本原因。

同时，土地沙漠化沙漠是干旱气候的产物，早在人类出现以前地球上就有沙漠。但是，荒凉的沙漠和丰腴的草原之间并没有什么不可逾越的界线。有了水沙漠上可以长起茂盛的植物，成为生机盎然的绿洲；而绿地如果没

▲ 沙漠化严重

有了水和植物，也可以很快退化为一片沙砾。而人们为了获得更多的食物，不管气候、土地条件如何，随便开荒种地、过度放牧；为了解决燃料问题，不管后果如何，肆意砍树割草。干旱和半干旱地区本来就缺水多风，现在土地被践踏、植被遭破坏，降水量更少了，风却更大更多了，大风强劲地侵蚀表土，沙子越来越多，慢慢地沙丘发育。这就使可耕牧的土地，变成不宜放牧和耕种的沙漠化土地。干旱缺水、载畜量超标、肥力退减，使草原大面积退化，森林覆盖率降低，这些都已经严重破坏到动物的原生态环境，天然林生态系统和野生动植物面临危机。

　　生态环境是动物赖以生存的家园，土地沙漠化已严重破坏了生态环境，动物的家园遭到破坏。看着这些可怕的数字，你是否也已经意识到防止土地沙漠化的重要性？是

▲ 过度放牧导致沙漠化

不是也认为我们人类有义务还动物一个绿色的家园？

我们正在为此做着不懈的努力：建立栖息地廊道、生物廊道，尽量减少栖息地的破碎化。确保动物栖息地的生物链完整以及平衡，在一定范围内提高生物链的复杂性。定期监控生物栖息地的各营养级别生物物种的数量、繁殖情况等，确保个别物种的暴涨或者濒临灭绝。可适度引进或减少其生物数量，以达到最佳效果。对于珍稀物种建立特定保护区，同时健全保护区规章制度的完善。监控大气、水体、植被等的环境数据，以达到人为或自然的灾害对于生物种群的影响。健全动物栖息地保护的法律法规。

相信只要经过我们的努力，也许在不久的将来，沙漠也会开出美丽的花，可以听到鸟儿自由地歌唱！

气温升高，冰川融化
北极熊失去家园

　　北极海冰也在不断融化。1993年夏天，北极海冰覆盖面积约为750万平方公里。到2007年9月，北极海冰覆盖面积仅剩430万平方公里，减少了将近一半。据估计，北极海冰即将面临再一次的大面积崩塌。在北极海冰融化过程中，北极熊将是最大的受害者。尽管严禁捕猎北极熊，但它们终将逃不脱气候变暖所带来的灾难。美国科学家曾经在一份研究报告中警告，到2050年，北极熊或将灭绝。

　　引起冰川融化的一个重要原因就是全球气温的升高。而引起全球气温升高的主要原因是由于温室气体的大量排放、森林的砍伐尤其是对热带雨林的砍伐，妨碍了地球的正常散热。尽管，增加的二氧化碳当达到一定程度后将增加生态系统的生产力，但当考虑到气候变化造成的其他方面的影响后，这一变化的后果仍未可知。此外，生物量的单纯增加未必是件好事，因为即使一小部分种类的繁荣昌盛，也无法抵消生物多样性的减少。

　　全球变暖引发的温室效应对我们人类来说，目前感受到的多为"冬天不冷，夏天不热"，却让北极熊饥寒交迫、无家可归、濒临灭绝。

　　不管你是否相信，北极海冰正以惊人的速度融化着，世界各国已经摩拳擦掌，准备去北冰洋海底插旗，去北极开采石油。世界各国的科学家也都一致认为，北极海冰融化的速度将越来越快。

▲ 温室效应导致气温高

北极海冰消融的速度加快的原因：冰是白色的，因此，照到冰上的大部分日光被反射回去。而现在冰逐渐消融，露出海水，而海水的颜色比冰暗，可以吸收更多的阳光，海水的温度会变得更高。这又导致更多的冰融化，使得冬天更不易再度结冰。这一过程逐渐加快，一直到冰完全融化。

北极圈的温度升高后，会刺激植物生长，并且导致冰原融化，因此，从前雪白的地表被深颜色的植物取代。这就意味着更多的阳光被地表的植物吸收，而不是被冰面反射回去，从而加快了温度的上升。

近几十年来，北极海冰范围在逐年减少，这将迫使北极熊不得不到离海岸更远的地方去觅食，寻找能够承受它们体重的冰层。与此同时，也有相当一部分北极熊因为猎物海狮长期随冰河北移竟饿死于海洋中，这些骇人听闻的证据一再证实地球变暖的严重性。

▲ 冰山也在渐渐融化

如果不马上采取措施，北极熊也将只能在照片里看到

我们将再也看不到这样的场景

其实追根溯源：正是人类活动加剧温室了效应，导致全球变暖、海冰融化，让北极熊陷入生存危机。

北极熊的绝迹主要是北极渐渐不能提供它们繁衍的环境和条件。

北极熊繁殖的因素主要是能否进行充分的冬眠以储

存脂肪来"喂奶"。北极熊冬眠期间往往禁食6~8个月，因此全靠夏季狩猎维持生存。如北极的夏季无冰期延长，北极熊就只得饥肠辘辘地待在岸上，而且这种难熬的日子也就长得多。由于结冰期迟迟不到，北极熊就无法获得对其生死攸关的脂肪储存。在哺乳期内，雌北极熊会消耗体内储存的大量脂肪，一方面使之转化为乳汁用于喂养幼仔，另一方面用于维持自己的体温，所以雌北极熊过了一个冬天之后，体重可减轻一半。还有一个因素就是能否有足够结实的冰层来建造"产房"。而现在的情况来看，要找到这样一所"坚固的房子"已经非常不容易了。北极熊的生活真是如履薄冰。

过不久，最后一只野生北极熊因北极夏季完全没有浮冰而灭亡……这是北极熊可能面临的最大灾难。但人类要面临的，恐怕还不止于此。

这样一个噩梦正在我们身边慢慢发生，如果我们不赶快行动起来，这场噩梦将会变成现实。亲爱的伙伴们，让我们一起想办法，拯救地球，拯救北极，拯救北极熊吧！

污水排入河流，危及鱼类生存

21世纪是科学技术飞跃发展的一个世纪，可就是解决不好发展与保护环境的关系。如今，污染问题已成为一个让人们最头痛的问题，它就像一个可怕的"恶魔"，时时刻刻威胁着人类与动物的生存。现在世界上有许多动物已经绝种了，还有一些动物种类也面临着绝种的危险。其中，由于水的污染而导致鱼儿的死亡，或大批鱼儿的集体自杀事件也不胜其数。下面就让我们来看一下水污染对鱼的生存有什么危害。

▲ 鱼儿到哪儿去了

▲ 难道我们只能在水族馆里才能看到鱼吗

要了解水污染对鱼生存有什么危害，就必须要了解什么叫水污染。其实水污染就是由于大量的污染物排入河流，造成了内陆的水域污染。河中的污染物促使某些藻类的泛滥成灾，给人们的生产和生活带来极大的危害。据

调查获得的数据显示：地球上的淡水资源只占了地球上总水量的3%，而在这3%的淡水资源中，由于各种污染等因素，人们可以直接饮用的水资源只剩下0.5%了。据统计，目前全国各流域干流共有20%左右为五类水质或劣五类水质，已不适宜鱼类生存。可见，水资源是多么珍贵啊！

▲ 鱼儿离不开水
▼ 青青小河

人们常说：鱼儿离不开水。为什么鱼儿离不开水呢？因为鱼是一种特殊的动物，它不像哺乳动物那样用肺呼吸，而是用它的鳃在水中呼吸。正是这样一种特殊的呼吸方式，造就了鱼儿离不开水的原因，正如人离不开空气一样。

南海属于江南水乡一个经济较发达的县级市，黄岐区曾经有一条北港河，听老人们讲，北港河原是一条清澈见

鲫鱼

黑鱼

工业废水

底的河。当时河里的鱼类很多，有草鱼、青鱼、鳜鱼、团头鲂鱼、胡子鲶、鳗鲡等几十种。如今北港河的水质变得越来越差了，几乎每两年下降一个等级，目前已经到了四类水质，鱼的种类也少了，许多名贵的鱼都已绝迹，只剩下鲫鱼、黑鱼、鳝鱼、泥鳅这几种生命力较强的鱼了。而仅存的几种鱼也周身剧毒。那么，这些污染源主要来源是什么呢？主要是沿河的麻纺厂、城东制革厂、桐乡羊毛纺织厂、东方红丝厂、凤鸣丝厂、桐乡化工厂等企业所排放出的工业废水影响了水质。每年排放的污水达70万吨。近几年来家乡的人口大大增加了，人们把许多生活垃圾也倒入河里，因此才造成大面积的水污染，导致鱼种灭绝。

水污染对其他动物有害吗？我们知道水污染对鱼的生存是有危害的。可是水污染不一定对所有的动物都有危害的。于是人们又去对咱们比较近的北港河进行考察。据考察得知，果然有些动物不怕水污染，如龙虾，这几年龙虾生长繁殖十分快，也许是水污染对龙虾生存造成了非常有利的条件，使它飞快繁殖。龙虾在大量繁殖，严重地影响了其他鱼类的生存，使得水中的生态平衡被破坏。我想现今因为水的污染而造成了生态的不平衡，是一个十分重要的问题了。

从河水的污染对鱼类的生存有很大危害的事实中，人们明白了这样一个道理，水污染不仅给鱼类带来极大的灾难，同时也威胁着我们人类的健康。因此，作为一个公民，一定要有保护环境意识，不要再随意地乱扔乱丢。不然的话，受惩罚的还是我们人类。

少喝一杯咖啡，给动物多留一点空间

朋友相聚，坐在一起喝咖啡是很时尚的事情。但是，你有没有想到，我们多喝一杯来路不明的咖啡，就可能把东南亚一些珍稀可爱的动物逼向灭绝的边缘，因为你喝的咖啡很可能是果农非法侵占森林种植的咖啡。你知道吗？印度尼西亚非法种植咖啡树的面积不断扩大，严重侵占了老虎、犀牛、大象等多种濒危动物的生存领地，这将进一步加速这些动物的灭绝进程。

▲ 美味的咖啡也会伤害动物

咖啡树

　　我们必须意识到，如果我们不采取适当的保护措施，我们每喝一杯咖啡都意味着助长了对环境的破坏，甚至加速了物种的灭绝。经济发展与环境保护历来存在着一定的矛盾。为了让我们生存的地球能够长期可持续地发展，世界各地都建立了一定区域的自然保护区，这些区域禁止任何形式的开发。然而，在印尼苏门答腊岛最南端的西拉坦国家森林公园里，一些果农正在大量非法种植咖啡树，破坏了自然保护区的禁令。

　　现在，人们能够喝到越来越便宜的咖啡，这却意味着咖啡种植者相同面积收入的下降，他们只好靠扩大种植面积来稳定自己的收入。咖啡种植面积的扩大，却意味着对森林和生态的破坏。在种植咖啡的地方，只剩下了单一的咖啡树，其他树木和野草全部伐光。破坏了生态的多样性，咖啡林就不可能适合野生动物的生存。西拉坦国家森林公园是印尼一个重要的自然保护区，除了栖息地的缩减外，盗猎也严重危及它们的生存。西拉坦国家森林公园承担着保护这些濒危野生动物的重要职责。

世界上的咖啡树共有4种，不过真正具商业用途且被大量栽种的只有两种：一种是阿拉比加，另一种是罗巴斯塔。印尼目前是世界第四大咖啡出口国，也是普遍被制成即溶咖啡用的罗巴斯塔咖啡豆的第二大产区。印尼至少有一半咖啡是经毗邻西拉坦国家森林公园的楠榜港运销出口。所有经楠榜港出口的咖啡都遭到掺杂，当地商人把非法种植的咖啡掺入到合法咖啡豆内，然后外销给国际咖啡大厂。世界保护野生动物基金会在一篇报告中指出，尽管西拉坦国家森林公园是一处世界自然遗产，地位十分重要，但是森林公园内的部分区域已遭铲平，果农们在这里非法开垦种植咖啡树。

除了西拉坦国家森林公园外，印尼还有好几处非法咖啡种植场。所以，我们呼吁，为了保护那些濒临灭绝的可爱动物，必须让那些咖啡生产厂商拒绝收购非法咖啡，并给予合法咖啡生产厂商一些奖励，而我们的政府他们还会给一些非法咖啡种植者一定的贷款，帮助这些果农转行。如果咖啡生产厂商不听劝告，世界保护野生动物基金会将会呼吁全球消费者不要购买那些非法咖啡。

在你知道自己在喝咖啡的时候，却使我们的野生动物受到伤害后，你会怎么做呢？那就少喝一杯咖啡，给动物多留一点空间吧。

油船泄漏
造成大批海洋动物死亡

从水上机动交通运输工具中以及由于油船泄漏进入水中的油类物质能破坏水生生物的生态环境，使渔业减产，还会污染水产食品，危及人类健康。海洋上油船的泄漏会造成大批海洋动物死亡。

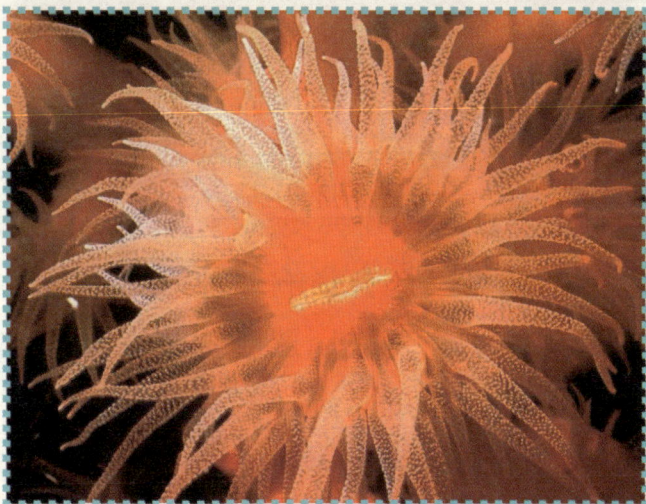

请好好珍惜我们宝贵的动物资源

▲ 世界上的动物种类正在迅速减少

　　油船泄漏石油危害是多方面的，如在水面形成油膜，阻碍了水体与大气之间的气体交换；油类黏附在鱼类、藻类和浮游生物上，致使海洋生物死亡，并破坏海鸟生活环境，导致海鸟死亡和种群数量下降，改变整个海洋的生态系统。石油污染还会使水产品品质下降，造成经济损失。

　　石油污染还会影响多种海洋浮游生物的生长、分布、营养吸收、光合作用及浮游植物参与DMS的产生和循环的过程，可以引发赤潮。石油污染对浮游生物的生长可以表现出促进作用也可表现出抑制作用。由于石油的遮光作用，浮游生物的光合作用受到抑制，进而影响垂直分布及昼夜移动情况。石油污染可由浮游生物经食物链对其他海洋生物产生的影响。

随着石油工业的发展，油类对海洋的污染越来越严重，一些重大漏油事件对海洋生态环境造成了严重的破坏。如1996年2月15日英国油轮"海上女王号"在英国西部威尔士圣安角附近海域触礁，导致约2万只海鸟及大量的鱼类死亡，成为当时历史上最大的原油泄漏事件。

2004年，触礁走锚并造成漏油的"卫昌"轮造成佛昙湾边的鱼、蟹大量死亡。

2010年的墨西哥湾特大漏油事件不但造成巨大的经济损失，更令人痛惜的是，还造成了严重的生态灾难。在受污染海域的656类物种中，已造成大约28万只海鸟，数千只海獭、斑海豹、白头海雕等动物死亡，将有10种动物面

▲ 地球不仅属于人类

临生存威胁，3种珍稀动物面临灭顶之灾。国际环保组织也对漏油事件所造成的生态灾难表示抗议。近日，"绿色和平"的两名成员就爬上英国石油公司伦敦总部大楼的一个阳台，挂起写有"英国污染源"字样的旗帜，谴责其管理疏漏造成的环境污染。

墨西哥湾

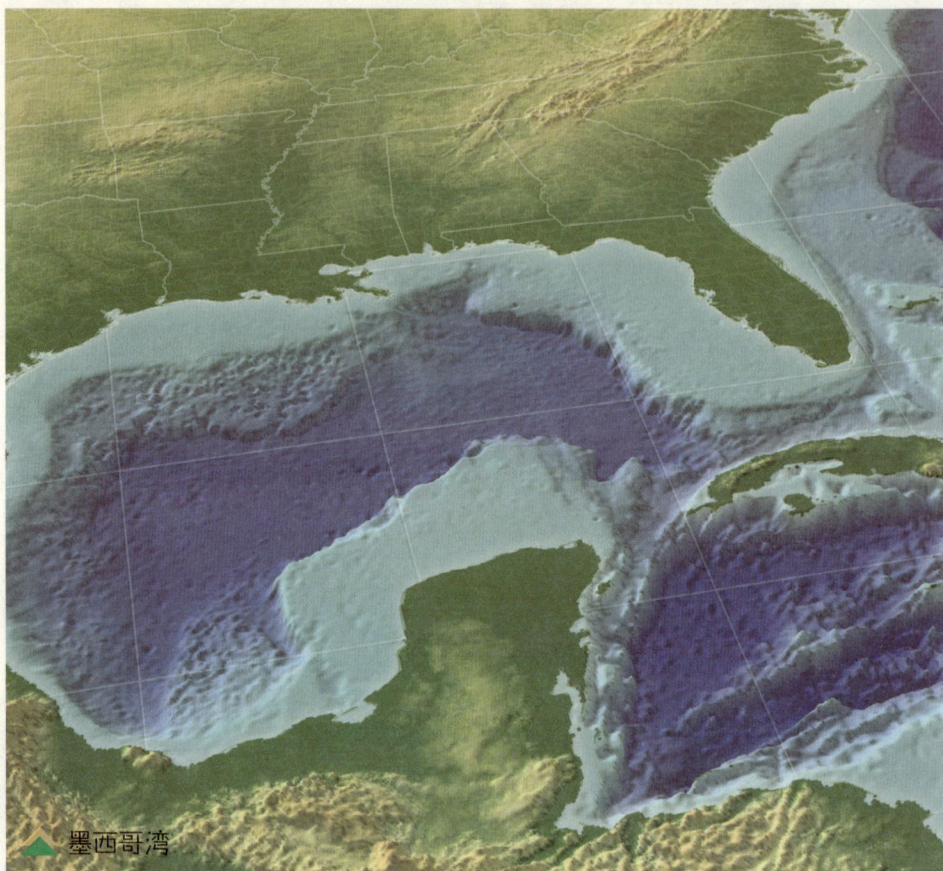

不久前，南京栖霞区长江水道龙潭紫金山船坞下游水域，发生一起船舶碰撞事故，一艘准备进船坞维修的大货轮，行驶途中撞到江面小码头边停靠的一艘小型污油接收船，污油接收船上的柴油泄漏，导致附近千余平米江面受污染。黑色污油源源不断地涌出水面。油船下游千余平方米江面都被海事部门用隔油栅栏隔离起来，水面上漂浮着黑压压的油污。据环保部门工作人员称，江面上一旦发生漏油事故，因为江水是流动的，所以污染很难控制。要是附近有取水口，麻烦就大了。另外，涉及水域一带的鱼虾、水草等生物可能会因遭受污染而大量死亡。

一桩桩，一件件，触目惊心……

牧草污染
导致奶牛死亡

由于牧草受霉菌的影响，从而导致奶牛死亡。霉菌毒素普遍存在于奶牛饲料中，进入奶牛体内发挥生物学效应，影响奶牛生产性能，造成奶牛养殖业的经济损失。

霉菌毒素在谷物的生长过程、饲料制造、贮存及运输过程皆可产生。发霉饲料和霉菌毒素中毒是世界范围内奶牛生产中普遍存在的严重问题。严重危害了奶牛养殖业的健康发展。

被霉菌污染的饲草、谷物、青贮散发一股难闻的霉味，大大降低了奶牛对干物质的采食量；某些霉菌毒素可干扰营养物质的正常代谢。黄曲霉毒素可降低其繁殖性能。曲霉菌具有感染反刍动物消化道不同部位的能力，从而引起肠道出血。肠道出血综合征是近年来发现的引起反刍动物高度致死的肠道疾病，我们曾在因腹泻、便血死亡的犊牛皱胃溃疡病灶中检出霉菌，之后对发病的犊牛使用抗真菌的药物治疗后效果显著。

那么预防和处理霉菌毒素的方法有哪些呢？

青贮饲料的预防：连续快速地填满青贮窖，压实，用塑料布覆盖以确保密封；使用有效的青贮添加剂和霉菌抑制剂；贮窖顶部的损坏部分应及时修复；定期清洗青贮运输车。

干饲料的预防：湿度是决定霉菌能否在饲料中快速生长的最重要因素。所以必须控制湿度。保持饲料新鲜，设备干净，并使用霉菌抑制剂。适当通风，避免湿气转移。

饲料在运输前要适当冷却和干燥。消除饲料加工和贮存过程中的湿气源。

奶牛饲料及饲料原料发生霉变后，则可根据饲料霉变的轻重程度，采用不同的方法进行脱毒处理。

加强饲养管理：尽量减少环境和营养应激，控制饲养程序，增进饲料摄入量。在保证日粮粗纤维水平的同时，应增加蛋白和能量水平，增加具有抗氧化作用的营养成分，如维生素E和硒。

饲料中霉菌毒素的污染是饲料工业和养殖业中不可忽视的问题。霉菌毒素作为奶牛的一个应激因素，不仅影响奶牛的生产性能，而且会危害人类的健康。为了有效地预防并控制霉菌毒素的污染，一方面应加强对饲料作物栽培、收获、贮存、加工、利用等过程的控制，减少霉菌毒素的污染；另外，在饲料中添加霉菌毒素吸附剂和有效的霉菌抑制剂，可降低奶牛对霉菌毒素的吸收，减少霉菌毒素对奶牛养殖业造成的经济损失。

▲ 农场

过度放牧不是长久之计
导致野生动物濒危

过度放牧导致草场退化，使我国一级野生保护动物野牦牛活动范围急剧减少，大量野牦牛面临死亡的困境。

位于青海省格尔木市境内的野牛沟，素有"野生动植物王国"之称。这里群山连绵景色优美，与可可西里国家

级自然保护区仅一山之隔，
总面积24万公顷，平均海拔
4800米，是青藏高原众多特
有野生动物的主要栖息地，
因野牦牛竞相出没而得名。
据了解，由于近几年保护得

我们要好好保护它们

当，昆仑山野牦牛种群恢复势头比较好，目前保守数量在
4000~6000头左右。

野牛沟同时也是当地的畜牧草场，野牦牛和两万头
（只）家畜争草抢食现象越来越严重，加上过度放牧导致
草场退化，野生动物保护和当地牧业生产发展产生了突出
的矛盾。

如今野牛沟居住着40多户牧民，家畜数量不断增加，
以前野牦牛都在山高沟深处活动，但近几年雪线上升高山
草场退化，野牦牛逐渐向河谷地带迁移，和家畜争食的局
面已经持续多年了。野牦牛食量大，逐渐减小的草场不能
满足它们，尤其是到了青黄不接的时候，有一些年龄偏高
的野牦牛会被饿死。

随着生态环境的恶化和草原牲畜的超载过牧，过去
一些人烟稀少的地方如今也有了频繁的人类活动，因此
野生动物只有让路。野牦牛本来就生活在极为恶劣的生
活环境中，再加上活动范围的不断缩小，种群数量自然
就会减少。

所以，过度放牧不是长久之计，不能以牺牲野生动物
为代价，那样的结果就是得不偿失。

停建野生动物园，
让人类与自然协调发展

　　这个世界，原本就不是只属于人类。雄狮猛虎，飞鸟游鱼，它们同样也是这个世界的主人。可是，人类却以万物灵长自居，以大自然的统治者自居，经常为了追求自己的享乐，肆意践踏其他生命的生存空间。曾经有人说，只讲人道，而不讲兽道，不是真正的道德。

动物们原本拥有属于他们的生存空间，原本拥有属于它们的幸福生活。可是人们在很多时候为了满足商业利益，不惜破坏它们的生活环境，圈建野生动物园。曾经有新闻报道，某野生动物园虐死十一头虎，真是让人痛心疾首啊！天天喊着保护动物，打着保护动物的名义圈建野生动物园，当这些动物不能带来商业利益时，就是这样的命运……

因为无法带来可观的商业利益，许多野生动物园无以为继，甚至出现动物挨饿致死的情况。2003年的时候，SARS突降，福建厦门海沧野生动物园因游客量急剧下降，门票收入锐减。入不敷出的动物园，便克扣动物口粮来维持运转。致使许多只国家级保护动物面临生存危机。饥饿竟使一只幼狮被群狮残杀。俗话说：虎毒不食子，但饥饿却使瘦骨嶙峋的老虎极具攻击性，出现母子争食相残。致使动物园不得不关门倒闭。与此类似的，还有许多地方的动物园也关门倒闭。

每一次野生动物园的倒闭，有多少动物得到了妥善安置，又有多少成为殉葬品？并且又有多少野生动物园为了招揽游客，让动物滚绣球，钻火圈，甚至宣称"可与古罗马斗兽场媲美"活体喂食，来招揽游客。

我们必须考虑动物保护的问题。其中主要就是应该停建城市动物园。可是刚开始提建议的时候，一度遭遇到某些部门和一些地方的反对，反对的理

让动物快乐的成长

由主要有两点，第一是为了增加旅游景点，能增加城市的知名度，带来不少旅游创收；第二就是为了让市民与野生动物能近距离接触，更加亲近大自然。实际上，一个城市增加旅游景点无可厚非，但是没必要去折腾动物，把它们都关押起来；其次，把动物都关押起来，人们是无法与它亲近的，与真正的亲近大自然是两码事。没有建的动物园就不要再建了，已经建成的，就要好好善待这些动物。

为了保护动物，我们呼吁，别再建动物园了，保护野生动物科学的理念是让它们在自己的栖息地，"鹰击长空、鱼翔浅底，万类霜天竞自由。"

白色污染，
海洋动物的杀手

　　白色污染是人们对难降解的塑料垃圾（多指塑料袋）污染环境现象的一种形象称谓。它是指用聚苯乙烯、聚丙烯、聚氯乙烯等高分子化合物制成的各类生活塑料制品使用后被弃置成为固体废物，由于随意乱丢乱扔，难于降解处理，以致造成城市环境严重污染的现象。

随着经济的发展，人们生活水平的提高，特别是随着饮食、服务行业的迅猛发展，大量使用一次性塑料袋包装物品，一次性餐具等，这些在给人们生活、卫生等带来方便的同时，也产生了大量在

自然界极难自行分解的塑料制品污染，造成"白色污染"。

塑料袋曾"荣获"英国《卫报》评出的"人类最糟糕的发明"称号。有资料显示：塑料袋自然降解需用100至200年的

可降解塑料

时间，有的"生存寿命"长达几百年，甚至上千年。全世界每年使用的各种塑料袋有40000亿个，塑料袋的回收率只有约1%。

很多塑料袋被人们随意丢弃，漂浮在水面上，成了一道白花花的"风景线"，不但有碍观瞻，很多时候还会成为杀害动物的凶手。专家说，废弃塑料袋对海洋动物的伤害主要表现在被动物误食，划伤食道，造成胃部溃疡等，甚至会因其绞在消化道中无法消化而被活活饿死。报上曾有这样的报道，有人在大海里发现死鲸，解剖死鲸的时候人们又发现，鲸的死亡是因为胃里塞满了塑料袋，还有海豚、海龟等海洋动物，也因为误食塑料袋而引发死亡……据估计，每年被塑料袋夺去海洋动物的生命达几百万条，海洋塑料漂浮物覆盖率达46000件/平方英里……

所以，人们应该提高环保意识，治理白色污染刻不容缓。

首先，应尽量减少使用塑料袋和一次性餐具，用环保

袋代替塑料袋，用消毒餐具代替一次性餐具。从我做起，从身边做起。时不我待，行动起来。

其次，有关部门应大力推广可降解的塑料袋代替不可降解的塑料袋。

再次，建议环保部门对垃圾进行分类处理，把塑料制品从垃圾中分离出来，还应加强对废旧塑料的回收，把废塑料集中起来统一处理。

此外，人们还应加强自身的环保意识，不可随意乱丢塑料袋和其他垃圾。

拒绝白色垃圾

汽车尾气
也可对动物造成危害

在现代文明的今天，汽车已经成为人类不可缺少的交通运输工具。自从1886年第一辆汽车诞生以来，它给人们的生活和工作带来了极大的便利，也已经发展成为近现代物质文明的支柱之一。但是，我们也应该看到，在汽车产业高速发展、汽车产量和保有量不断增加的同时，汽车也带来了大气污染，即汽车尾气污染。

研究表明，汽车尾气成分非常复杂，有100种以上，污染物主要包括：一氧化碳、碳氢化合物、氮氧化合物、二氧化硫、烟尘微粒（某些重金属化合物、铅化合物、黑烟及油雾）、臭气（甲醛等）。

汽车尾气最主要的危害是形成光化学烟雾。汽车尾气中的碳氢化合物和氮氧化合物在阳光作用下发生化学反应，生成臭氧，它和大气中的其他成份结合就形成光化学烟雾。其对健康的危害主要表现为刺激眼睛，引起红眼病；刺激鼻、咽喉、气管和肺部，引起慢性呼吸系统疾病。光化学烟雾能使树木枯死，农作物大量减产；能降低

▼ 不要以为尾气和动物无关。

大气的能见度，妨碍交通。1955年和1970年洛杉矶两度发生光化学烟雾事件，前者有400多人因五官中毒、呼吸衰竭而死亡，后者使全市四分之三的人患病。且产生的白色烟雾对家畜、水果及橡胶制品和建筑物均有损坏，这就是在历史上被称为"世界八大公害"和"20世纪十大环境公害"之一的洛杉矶光化学烟雾事件。也正是这些事件使人们深刻认识到了汽车尾气的危害性。

▲ 浓浓烟雾

有这样一个实验，在一个密封容器里放只小白鼠，然后通入尾气，结果小白鼠由乱跳、抽搐至昏迷、死亡。由于汽车尾气多排放在1.5米以下，小型动物所受到的伤害更甚于人类！

汽车尾气中的二氧化硫在大气中含量过高时，会随降水形成"酸雨"，酸雨破坏森林会严重影响野生动物的生存环境。1970年开始，酸雨的森林破坏备受瞩目。受害严重的主要地区是欧洲和北美的北方林。许多国家的森林面积在减少，有的国家失去了一半以上的森林。靠近五大湖的美国，加拿大受严重的酸雨影响。到处可以看到树叶掉落，干枯的森林。在中国的工业城市周边，也出现了针叶树林干枯的现象。除此之外，还有各个国家受酸雨的影响，森林在受破坏。今后还有很多森林会受酸雨的影响，

有这样的报告，再过100年全球森林就会消失。酸雨是破坏森林的原因之一。

酸雨对森林的影响在很大程度上是通过对土壤的物理化学性质的恶化作用造成的。在酸雨的作用下，土壤中的营养元素钾、钠、钙、镁会释放出来，并随着雨水被淋溶掉。所以长期的酸雨会使土壤中大量的营养元素被淋失，造成土壤中营养元素的严重不足，从而使土壤变得贫瘠。此外，酸雨能使土壤中的铝从稳定态中释放出来，使活性铝的增加而有机络合态铝减少。土壤中活性铝的增加能严重地抑制林木的生长。酸雨可抑制某些土壤微生物的繁殖，降低酶活性，土壤中的固氮菌、细菌和放线菌均会明显受到酸雨的抑制。酸雨还可使森林的病虫害明显增加。

现在大多数专家认为，森林的生态价值远远超过它的经济价值。虽然对森林的生态价值的计算方法还有一些争议，计算出来的数字还不能得到社会的普遍承认，但森林的生态价值超过它的经济价值，这几乎是一致的。根据这些计算结果，森林的生态价值是它经济价值的 2~8 倍。如果按照这个比例来计算，酸雨对森林危害造成的经济损失是极其巨大的。

为防止汽车尾气造成的"酸雨"，可以通过如下几个方面治理汽车尾气。第一，也是最根本和最终的途径，改变汽车的动力。如开发电动汽车及代用燃料汽车。此途径使汽车根本不产生或只产生很少的污染气体。第二，改善现有的汽车动力装置和燃油质量。采用设计优良的发动机、改善燃烧室结构、采用新材料、提高燃油质量等都能使汽车排气污染减少，但是不能达到"零排放"。第三，也是目前广泛采用的适用于大量在用车和新车的净化技术。是采用一些先进的机外净化技术对汽车产生的废气进行净化以减少污染，此途径也不能达到"零污染"。机外净化技术就是在汽车的排气系统中安装各种净化装置，采用物理的、化学的方法减少排气中的污染物。可分为催化器、热反应器和过滤收集器等两类。前者多用于汽油机汽车，后者多用于柴油机汽车。

预防酸雨，
杜绝水生动物死亡

酸雨和我们平时所见的雨水不同，它呈现出酸性的状态，对生物都有一定的危害和腐蚀作用。酸雨是一种对生态环境造成巨大危害的污染现象。

那么酸雨是怎样形成的呢？它是由于人类忽视对工业污染的防治所造成。酸雨的主要成分硫酸、水，还有少量的硝酸以及其他杂质。当人类在进行工业生产过程中，有意或无意间将二氧化硫排放到空气中，经过一系列的催

化氧化后形成三氧化硫，然后再与灰尘，水凝结成云，等到降雨之时就最终形成酸雨了。酸雨的危害体现在各个方面，但是最为严重的是引起水源的酸化从而危及水生动物的生存。那么，怎样来预防酸雨？首选我们就应当弄清它产生的根源。

▲ 蜥蜴

煤、石油和天然气等化石燃料都是我们日常生活中使用的。

煤中含有硫，燃烧过程中生成大量二氧化硫，此外煤燃烧过程中的高温使空气中的氮气和氧气化合为一氧化氮，继而转化为二氧化氮，造成酸雨。工业过程，如金属冶炼；某些有色金属的矿石是硫化物、铜、铅、锌便是如此，将铜、铅、锌硫化物矿石还原为金属过程中将逸出大量二氧化硫气体，部分回收为硫酸，部分进入大气。再如化工生产，特别是硫酸生产和硝酸生产可分别产生可观量二氧化硫和二氧化氮，由于二氧化氮带有淡棕的黄色，因此，工厂尾气所排出的带有二氧化氮的废气像一条"黄龙"，在空中飘荡，控制和消除"黄龙"被称做"灭黄龙工程"。再如石油炼制等，也能产生一定量的二氧化硫和二氧化氮。它们集中在某些工业城市中，也比较容易得到控制。交通运

▲ 青蛙

输，如汽车尾气。在发动机内，活塞频繁打出火花，像天空中闪电，氮气变成二氧化氮。不同的车型，尾气中氮氧化物的浓度有多有少，机械性能较差的或使用寿命已较长的发动机尾气中的氮氧化物浓度要高。汽车停在十字路口，不息火等待通过时，要比正常行车尾气中的氮氧化物浓度要高。近年来，我国各种汽车数量猛增，它的尾气对酸雨的贡献正在逐年上升，不能掉以轻心。

工业生产、民用生活燃烧煤炭排放出来的二氧化硫，燃烧石油以及汽车尾气排放出来的氮氧化物，经过"云内成雨过程"，即水汽凝结在硫酸根、硝酸根等凝结核上，发生液相氧化反应，形成硫酸雨滴和硝酸雨滴；又经过

"云下冲刷过程"，即含酸雨滴在下降过程中不断合并吸附、冲刷其他含酸雨滴和含酸气体，形成较大雨滴，最后降落在地面上，形成了酸雨。

▲ 彩蝶翩翩

酸性越强金鱼的生存能力越弱并且其活动能力也越发的迟钝。由此下去，金鱼都将走向死亡。如在现实生活中，河流中的那些处于食物链最低段的小鱼都将死亡，从而破坏了食物链引起河流生态的不平衡危及水生动物的生存。鉴于这点，我们应该大力推动对酸雨的防治以此来保护我们的生态环境。

保护热带雨林，留住动物的多样性

我们要留住动物的多样性，我们还要留住植物的多样性。总体说来，就是要保护大自然的生物多样性。

那么什么是生物多样性呢？如果你学过生物，你会知道这是一种研究有生命的东西的学科，从研究最微小的生命组成部分，到植物和动物。而"多样性"简单来说就是"各种各样"的意思。生物多样性包括所有自然世界的资源，包括植物、动物、昆虫、微生物和它们生存的生态系统。它同样包括构造出生命的重要基石——染色体、基因和脱氧核糖核酸。

你也是生物多样性的一部分。生物多样性使生命在这个行星上变得可能。没有生物多样性，你也不能在这个

亚马孙雨林

行星上生存。就算你可以生存下来，你也不可能喜欢这个灰暗的、无生气的、光秃秃的、无聊的世界。没有生物多样性，你不会感受到树林带给你的绿意、海洋带给你的蓝色，也不会有你呼吸的空气、吃的事物、喝的水。所以，如果这些是大自然的财富，我们能为保留它们而做些什么？我们需要：保护生物多样性。用一种可持续性的方法使用、管理生物多样性的组成部分公平分享因使用基因资源得到的利益，这些正是《二十一世纪议程》15章所讲述的内容，也正是在1992年里约热内卢联合国环境与发展大会上世界领袖们共同签署的一个重要协议。

为什么生物多样性如此重要？生物多样性可以帮助清洁我们呼吸的空气以及喝的水。生物多样性提供我们食物。生物多样性为建造我们的屋子提供原材料。生物多样性还带给我们自然世界的无尽美丽。

夸张吗？一点也不。正是生物多样性使这个星球上的生命得以持续。通过森林吸收二氧化碳这种温室气体，我们才得以呼吸空气。通过土壤、微生物和气象变化移除了水中的污物我们才得以喝到水。全部的物种——植物、动物、微生物，组成了生命。

然而，我们却威胁到了许多物种，而正是它们构成地球这个宏伟的不能代替的支持生命的系统。

但是，为什么？我们对此怀着深深的疑问。一些无名的物种真的有这么重要？假如这个世界上的物种减少到牛、羊、鸡、猪和足够的放在动物园的动物，难道我们就不能舒服的过日子了吗？为什么我们必须关注一些特种的鸽子或者是一种火蜥蜴或者是一种生活在遥远沼泽里的小小植物？它们灭绝了关我们什么事？毕竟，我们还有许多种别的鸽子和许多种别的蜥蜴，还有许多种植物留下来。

实际上，即使是一些物种灭绝了，还是有不少物种存留下来的。迄今为止，我们已经识别了175万个物种，但是科学家们认为，实际上地球上存在有1300万或1亿种物种。所以，我们又有什么所应该担心的呢？

重要的事情是所有的这些物种是与其他物种相互联系的，正如同我们依赖植物和动物为食一样。顺着食物链，我们也同样依赖我们吃的动物、植物的食物——又一群植物、动物。如果其中一个特定的物种失去了它的栖息地或者不再找得到它常吃的食物，就会灭绝掉。整个食物网（不仅仅是食物链）就会破碎。而修补是一件很困难甚至是不可能的事。

当我们在生命之网中灭掉了一种物种，整个的网将变

得摇摇欲坠。灭绝掉足够的物种就会撼动整个使生命在这个地球上变得可能的结构。

我们对生物多样性做的损害将最终损害我们自己。数量众多的物种和我们生活的生态系统提供给我们食物、药物和建筑材料。生物多样性带给我们工作。生物多样性就像存在银行中的钱，而我们正在抢银行。停止抢劫吧！

热带雨林的生态多样性非常高，要保护生物多样性，就要保护好热带雨林。世界上热带雨林分布最大的三个地区分别是南美洲亚马孙平原、亚洲马来群岛、非洲刚果盆地。我国也有少量的热带雨林，大部分集中在云南的西双版纳。目前，人类对热带雨林的破坏相当严重。主要是因为发达国家对名贵木材的需求，他们一方面谴责发展中国家对雨林的破坏一方面又利用自己的跨国公司砍伐雨林的珍贵树种，谋求巨额的经济利润。另外由于人口压力以及对粮食的需求，每年人类都有砍伐大量的雨林来种植大豆等粮食作物。

热带雨林被破坏的速度远远超出人们的估计。一百年里人类失去了一半的热带雨林。全世界每年消失的热带雨林相当于爱尔兰的国土面积。热带雨林遭受破坏最严重的国家依次是巴西、印度尼西亚和刚果（布）。

每分钟世界上就有大概一个标准足球场面积大少的热带雨林被砍伐。而世界上最大的热带雨林——亚马孙热带雨林已有一半被砍伐殆尽。所以要呼吁相关国家尽快立法并严格执行，禁止砍伐热带雨林，并加强对热带雨林的保护。

无节制的旅游影响了动物的生态系统

旅游，是我们每个人都愿意去做的事情，既可以放松身心，又能一览大自然的风光，更是一些开发商们赚钱利润的手段，各个旅游景点的开发，也许你想不到，你脚下的这个美丽的度假村，就曾经是丹顶鹤生存的家园，为了赚钱，人们就侵占了动物的家园。

　　我们的旅游活动对生态系统产生着或多或少的影响，包括土壤、水、大气，因为旅游业是需要不断开发新资源的，总是老的东西不变根本不能吸引更多的游客，为开发商带来巨额的利润。因此，旅游业对环境的影响十分消极、有害。规划不当的景点开发与建设，会对生态环境造成破坏或损毁，也会毁灭动物的家园，让平地拔起一座假山，或者让湖泊变成一片度假村，人类的行为真的是为动物们感到恐惧，它们深深感觉到了人类的威胁。

　　旅游景点的开发会造成对植物资源的破坏。对资源的开发也必然会打破原有生态系统的平衡，尤其是森林生态系统内蕴藏着丰富的

▲ 旅游应该降降温了

生物资源，在森林资源开发过程中，随着生存环境的改变，一些动物面临着消亡的威胁。野生动物的栖息和繁殖需要有一定的生

🔺 人类打扰了动物世界的宁静

境，旅游资源的开发会使野生动物的捕食和繁衍规律遭破坏。其结果是导致动物种类的减少和动物的迁移。人为的猎杀动物或猎杀动物以供纪念品交易的行为也将增多，直接导致野生动物数量的下降；穴居动物会由于过度的参观和照明系统改变生活规律。

因此，我们一定要抵制对野生生态环境不合理的开发利用，支持原生态旅游。控制旅游地超负荷的人流量，给动物和生态环境一个宁静的地带。

避免化学物质横溢
找回蝉噪蛙鸣

科学家发现，对环境质量高度敏感的两栖爬行动物正大范围的消逝。温度的增高、紫外光的强化，栖息地的分割、化学物质横溢，已使蝉噪蛙鸣成为儿时的记忆。与其他因素不同，污染对物种的影响是微妙的、积累的、慢性的致生物于死地的"软刀子"，危害程度与生境丧失不相上下。

1962年，美国的雷切尔·卡逊著的《寂静的春天》引起了全球对农药危害性的关注；人类为了经济目的，急功近利地向自然界施放有毒物质的行为不胜枚举：化工产品、汽车尾气、工业废水、有毒金属、原油泄漏、固体垃

圾、去污剂、制冷剂、防腐剂、水体污染、酸雨、温室效应……甚至海洋中军事及船舶的噪音污染都在干扰着鲸类的通讯行为和取食能力。

由于生态系统物质循环的全球性，人类社会所产生的所有废气、废水、废渣都将传遍全球，当然也包括南极，而一些有害物质被一些低等生物摄取后，由于生物累效应，在一些较高等动物体内积累更多，对其健康状况造成极大的威胁。这属于间接影响。还有直接影响，比如商业性的捕捞、屠杀都会对当地的生态环境造成极大的影响。太多了，比如切努贝利核电站时间对周边的生物都造成了影响。还有在南极企鹅的身上都发现了除草剂的残余，都是通过食物链积累的。这条生物链，难道不会连接到我们的身上吗？

当你置身于密林覆盖遍满翠绿的山中，会感觉到整个山就像是天地间的一把把高耸入云的巨琴，正在风中把激奋和谐的田园之曲奏响；当行走在山间幽静的崎岖小路

让蛙声四起

上，你会感觉到你迈出的每一步，所踏出的都是一个个自然的音符。当你或坐或半躺在山顶上那松软的草坡上，呼吸着空气里弥漫着的青草的芳香，欣赏着轻风在草叶上的波浪行走。此刻，我们的心灵里充满着明媚的阳光，回响着和谐的音乐，氤氲着诗意的灵感。生活在天蓝野绿、莺飞鸟唱的世界，我们与所有的小动物，所有的生命共享大自然赐予。

播下一颗种子，收获一片希望；播下良好的行为，收获人生的善良。让和谐的影子跟随我们真诚的步伐，风吹不去，雨打不散，如影随形，让我们携手同行，从你做起，从我做起，从爱护我们身边的每一只小动物做起，建设和谐自然，共创美好未来。

让濒危动物黑颈鹤
在草原上翩翩起舞

黑颈鹤是世界上唯一一种栖息、生长在高原的鹤类，是藏族人民心目中神圣的大鸟。它们是高原草甸沼泽栖息的鸟类，本来都生活在"高处不胜寒"的云贵藏、与世无争。可近年来人类对湿地的开发，抽干了很多沼泽，使这些高原涉禽正面临着丧失家园的威胁。

它们的栖息地逐渐地在被人们占领，人们建坝、扩建耕地、修筑公路，排水等等，已经排光了百分之八十的沼泽地。还有很多农民把沼泽中的草垡（海泥炭）挖去作燃料，严重破坏了沼泽地的环境，更使生态环境进一步地向不平衡发展。

这些还仅仅是其中的一部分而已，黑颈鹤离不开沼泽。湿地面积的减少和部分湿地沙化现象严重，造成黑颈鹤食物的短缺，黑颈鹤主要依赖农民秋收后散落在地里的农作物和春播种子为生，如今由于先进科技的使用，流落的种子越来越少，黑颈鹤不得不去田里吃一些农民的红薯、土豆为生，农民为阻止黑颈鹤到农地里觅食，伤害黑颈鹤的事时有发生。甚至将它们的卵捡走，这更导致了黑颈鹤繁衍的困难。

在国外很多国家，都有具体保护湿地的措施，我们也应该和国际接轨，保护湿地，保护水源，避免被污染不要对湿地投放污染物。还要进行适当的补水，保持湿地的正常水环境，特别是在结冰期和枯水期，不能让湿地干燥。更要开发湿地的景观价值和生态价值，发动群众的力量，让更多的人关注湿地、保护湿地，不要侵占黑颈鹤的家园。湿地是很多珍惜鸟类和鹤类生存的家园，不要让我们的子孙将来只能在图片上看到湿地美丽的景观和黑颈鹤优美的身姿。

目前，在全国以保护黑颈鹤为主的各级自然保护区共有15个，这些保护区的成立，给黑颈鹤的生存创造了良好的条件，一些地方还成立了"黑颈鹤保护志愿者协会"，他们在城市和乡村数年如一日地坚持保护黑颈鹤的宣传，收到了很好的效果。在大雪覆盖、食物短缺时，协会的成

员们还对黑颈鹤进行人工投食，我们期待着更多的人来关爱黑颈鹤，保护湿地，保护动物生存的家园。

其实，也不仅仅是为了鸟类的保护，在整个湿地保护的工作中，全国人民甚至全世界人民都应该意识到，动物是我们人类最好的朋友，是我们与自然之间最好的媒介，而湿地也同样是我们全人类共同的资源。保护动物的家园，同时也是保护我们自己的家园。

洗衣粉也能
加速海洋生物的灭绝

洗衣粉也能让海洋动物灭绝，这乍一听上去似乎有些不可思议。

那就让我来告诉你这其中的奥秘吧。近些年来，人们发现海洋污染十分严重，就在近海流域出现了大面积的暗红色水面，专家们暂时把它们叫做"赤潮"，不要小看这些赤潮，如今已经造成了大批水中生物的死亡。那么赤潮到底是什么东西呢，为什么会给海洋生物带来如此巨大的灭顶之灾呢？每当有赤潮出现的地方，海中的氧气就急剧下

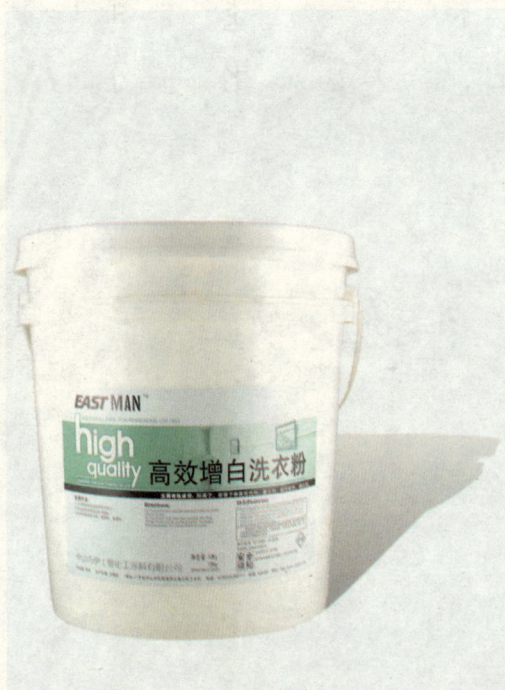

降，大量鱼、虾、贝类因为缺氧而死亡，因此，海洋专家们又把它们叫做"海上赤魔"。

尤其是一些近海养殖区更是损失巨大，人类赖以生存的水资源环境已受到大面积污染。海洋环境保护必须引起我们全民族的高度重视。

而这些是谁造成的呢？罪魁祸首就是我们生活中密切使用的含磷洗衣服、洗涤液。随着生活条件的提高，各种清洁用品充斥着我们日常的生活。餐具清洗剂、卫生间洗涤剂、地毯洗涤剂、金属洗涤剂、油污洗涤剂等等。正是它们的化学成分，使清澈碧绿的水质变得混浊不堪，这些含磷废水大都流入了江河湖海。所到之处，鱼

"强大"的洗衣粉

虾不存，甚至一些含酶的洗衣粉还会降低海洋动物的繁殖能力，不要让我们的海洋成为一潭死水。

同学们，洗衣粉在我们的日常生活中可以说是无处不在。我们身上干净的衣服，家里整洁的被单，落满灰尘的东西一旦到了洗衣机里，放上洗衣粉，就快速地变干净了。可你大概不知道，洗衣粉有如此强大的去污功能，它的化学反应也是很大的。

首先我们的内衣裤这种贴身穿的衣服就不能用洗衣粉

洗，因为洗衣粉里含有磷，长期使用会对人的皮肤造成伤害。同学们一定会问，那我们平时怎么洗衣服呢？我们可以选用肥皂和不含磷的洗衣粉。不仅仅洗衣粉，刷完用的洗涤剂也有很大的化学成分，炒菜时的油污，用热水也可以刷掉，这样就可以抛弃洗涤剂了。

值得欣慰的是，目前我国有关部门已经对这类污染有所重视。一些沿海及有江河湖的城市已经开始进行禁磷运动，但要想在全国范围内巩固、提高其效果，还需要下大力气。同时，国内的各洗涤剂生产厂家应积极改变洗涤剂的生产工艺、配方，生产无磷洗涤剂。

我们不要过分依赖这些化学用品，它们产生的污染足可以让我们的近海海域没有一个生物，这种污染是灾难性的。不是一朝一夕就可以解决的，需要靠我们每个人从自身做起，一点一点地去实现，给海洋生物一片纯净的蓝色家园。

固体垃圾
是水生动物最大的威胁

　　近期，世界各地的海域都出现了一个奇怪的现象，大量的海龟不明原因地死亡。这很快引起了动物保护协会和专家们的重视，各国都派出了顶尖的动物专家来研究海龟死亡的原因。

　　经过调查研究和对尸体的解剖，海龟死亡之谜被解开了，人们找到了杀死海龟的凶手——固体垃圾塑料袋。你大概无论如何也想不到，这种我们日常生活中无论怎样禁止也离不开的塑料袋居然成了杀害海龟的凶手了吧。是的，海龟的食物是海洋中的生物，它们常常会把人们扔进海里的垃圾误当成生物吃掉。专家们在解剖海龟的尸体时发现，海龟的胃中有许多塑料袋，最多的一只海龟体内竟有15只塑料袋。原来，海龟喜欢吃美味的海蜇和水母，它们把丢弃在海洋中的塑料袋当做海蜇吞入肚中，才遭此厄运。

人们在海边玩耍的时候，把各种各样的垃圾都扔进海洋，其中包括塑料制品。塑料制品如果被埋在泥土里，大概需要过150年才会被分解，如果被丢入大海，则需要200多年才会分解。这种由塑料袋引起的污染我们叫它"白色污染"。海龟的大量死亡为我们敲响了警钟，白色污染已经严重影响了海洋环境，并造成了严重的恶果。

不仅仅是海龟，现在很多水生动物都收到了这种威胁，海洋中各种无法分解的固体垃圾，不仅污染着海洋生物们的家园，而且还时刻威胁着它们的生命。

▲ 海龟

同学们，我们一定不希望这些可爱的海洋动物都变成一具具僵硬的尸体吧，不要让我们的乱扔垃圾造成动物的无辜死亡。

我们要从日常的小事做起，每天早上帮助妈妈清理垃圾的时候一定要注意垃圾桶的分类，不要胡乱摆放，免得叔叔阿姨们清理垃圾的时候费劲。更要从身边的小事做

起，去超市购物的时候坚决不要使用塑料袋，要自己带着购物袋，或者去市场买菜的时候，自己准备篮子或者布袋子，减少固体垃圾的产生。

现在，很多发达国家已经研制出了如何处理固体垃圾的办法，我们国家也正在研究实行当中，让垃圾变废为宝，既不污染环境，又不会对人类和生物造成任何的伤害，让它们有自己的去处。

同学们，我们一定要爱护环境，爱护我们的家园。当我们和爸爸妈妈一起去外面游玩的时候，一定不要乱扔垃圾，要把垃圾按照分类分别放入垃圾桶中。去海边游玩的时候，更不要把各种垃圾，诸如易拉罐、塑料袋等东西随便扔到海滨上或者扔到大海里，我们一定要为可爱的海龟和海洋生物们营造一个干净、安全的家园。让可爱的动物们健康快乐地在海洋中成长。